DAS ÜBERLEBENSHAND BUCH

Grundlegende Fähigkeiten zur Nahrungsbeschaffung, Navigation in der Wildnis und zum Bau von Unterkünften

ROGER JIM BRANDY

Copyright © 2024 von ROGER JIM BRANDY

Alle Rechte vorbehalten. Kein Teil dieser Veröffentlichung darf ohne die vorherige schriftliche Genehmigung des Herausgebers in irgendeiner Form oder mit irgendwelchen Mitteln, einschließlich Fotokopie, Aufzeichnung oder anderen elektronischen oder mechanischen Methoden, reproduziert, verbreitet oder übertragen werden, außer im Falle kurzer Zitate in kritischen Rezensionen und bestimmten anderen nichtkommerziellen Nutzungen, die durch das Urheberrecht zulässig sind.

Inhaltsverzeichnis

Inhaltsverzeichnis 2
EINFÜHRUNG 1
Die Bedeutung von Überlebensfähigkeiten in der modernen Welt 1
KAPITEL 1 13
Grundlegende Überlebensprinzipien verstehen 13
Die Überlebensregel der Drei: Luft, Unterkunft, Wasser und Nahrung 13
Mentale Bereitschaft: Der Schlüssel, um in Notfällen ruhig zu bleiben 22
Überlebensprioritäten: Bewertung von Risiken und Ressourcen 32
KAPITEL 2 43
Die Wahl des perfekten Survival-Shelter-Standorts 43
Geländebeurteilung: Worauf Sie bei einem sicheren Unterschlupf achten sollten 43
Vermeidung von Umweltgefahren: Wasser, Wind und Wildtiere 52
Mikroklima und ihre Auswirkungen auf Schutzstandorte verstehen 62
KAPITEL 3 73
Techniken zum Bau von Unterkünften für verschiedene Umgebungen 73
Trümmerhütten und Unterstände: Schnelle Bauten in Waldgebieten 73
A-Frame-Überdachungen und Planenlösungen: Minimalistische Optionen 81

Schneehöhlen und Wüstenunterkünfte: Spezialisiertes Überleben in Extremen   90

KAPITEL 4   101

Beherrschung des Feuerhandwerks zum Wärmen und Kochen   101

Grundlagen des Feuerbaus: Die Arten von Feuer und ihre Verwendung   101

Sammeln Sie den richtigen Zunder, das richtige Anzündholz und den richtigen Brennstoff für ein effizientes Feuer   110

Fortgeschrittene Feuerstartmethoden: Reibung, Funken und Vergrößerung   118

KAPITEL 5   127

Primitive und moderne Feueranzünderwerkzeuge   127

Feuerpflug und Bogenbohrer: Alte Methoden in der Praxis   127

Verwendung von Feuerstein und Stahl für gleichmäßige Funken   137

KAPITEL 6   159

Beschaffung von sicherem Trinkwasser in freier Wildbahn   159

Suche nach natürlichen Wasserquellen: Bäche, Seen und Tau   159

Filtrations-, Reinigungs- und Siedetechniken 169

Erstellen von Notfall-Wasserfiltern aus natürlichen Materialien   178

KAPITEL 7   189

Nahrungsbeschaffung durch Nahrungssuche und Fallenstellen   189

Essbare Wildpflanzen: Identifizierung

nahrhafter und sicherer Lebensmittel 189

Grundlegende Fangtechniken für Kleinwild 198

Die Kunst des Angelns ohne moderne Werkzeuge: Handleinen und Fischreusen 207

KAPITEL 8   217
Konservieren und Kochen von Lebensmitteln in Überlebenssituationen   217

Kochmethoden für draußen: Spießbraten und Grubenkochen 217

Fleisch und Fisch konservieren: Trocknen, Räuchern und Salzen 226

Wildlebensmittel haltbar machen: Dehydrierungs- und Fermentationstechniken 235

KAPITEL 9   245
Unverzichtbare Werkzeuge und Ausrüstung für Überlebenskünstler   245

Aufbau eines Survival-Kits: Die unverzichtbare Ausrüstung für jede Situation 245

Messer, Äxte und Multitools: Die richtigen Werkzeuge auswählen 255

DIY-Werkzeuge aus der Natur: Utensilien und Waffen improvisieren 264

KAPITEL 10   273
Navigieren und Orientierung in der Wildnis   273

Grundlegende Kompass- und Kartenlesefähigkeiten für sicheres Reisen 273

Navigieren ohne Hilfsmittel: Nutzung der Sonne, der Sterne und der Zeichen der Natur 282

Spuren erstellen und verfolgen: In der Wildnis keine Spuren hinterlassen 291

ABSCHLUSS   **301**
   Bauen Sie Vertrauen in Ihre Überlebensfähigkeiten auf: Bleiben Sie für jede Situation bereit   **301**

EINFÜHRUNG

Die Bedeutung von Überlebensfähigkeiten in der modernen Welt

In der heutigen schnelllebigen Welt verlassen sich viele Menschen stark auf Technologie und moderne Annehmlichkeiten, um ihre täglichen Bedürfnisse zu erfüllen. Von Smartphones und GPS-Geräten bis hin zu Supermärkten und fließendem Wasser haben wir Zugriff auf fast alles, was wir brauchen, immer zur Hand. Während diese Fortschritte das Leben einfacher machen, können sie auch dazu führen, dass wir die Bedeutung grundlegender Überlebensfähigkeiten vergessen. jene Fähigkeiten, die uns helfen können, zu überleben und zu gedeihen, wenn moderne Annehmlichkeiten versagen.

Überlebensfähigkeiten sind mehr als nur das, was man im Fernsehen sieht oder in abenteuerlichen Geschichten hört. Dies sind wichtige lebensrettende Fähigkeiten, die jedem helfen können, egal ob Sie ein Outdoor-Enthusiast sind, der gerne campt und wandert, oder jemand, der in einem städtischen Gebiet lebt. Zu wissen, wie man Schutz findet, ein Feuer macht, sauberes Wasser beschafft und Nahrungsmittel beschafft, kann in Notsituationen über Leben und Tod entscheiden. Auch wenn es den Anschein hat, dass diese Fähigkeiten nur in abgelegenen Wildnisgebieten nützlich sind, sind sie tatsächlich in einer Vielzahl von Szenarien wertvoll, von Naturkatastrophen bis hin zu einfachen Campingausflügen.

In unserer heutigen Welt können Naturkatastrophen wie Hurrikane, Überschwemmungen, Waldbrände und Erdbeben das normale Leben stören und dazu führen, dass Menschen keinen Zugang zu grundlegenden Dienstleistungen haben. In solchen Situationen kann es zu Stromausfällen,

Wasserknappheit oder eingeschränktem Zugang zu Nahrungsmitteln kommen, und hier sind Überlebensfähigkeiten entscheidend. Wenn man zum Beispiel weiß, wie man Wasser auffängt und reinigt, kann man einer Dehydrierung vorbeugen, und wenn man weiß, wie man ein Feuer entfacht, kann man für Wärme sorgen und die Möglichkeit haben, Speisen zu kochen. Auch wenn wir vielleicht hoffen, dass wir uns diesen Herausforderungen nie stellen müssen, kann uns das Wissen darüber das Selbstvertrauen geben, mit solchen Situationen umzugehen, falls sie jemals eintreten sollten.

Für Outdoor-Enthusiasten wie Wanderer, Camper und Abenteurer sind Überlebensfähigkeiten noch wichtiger. In abgelegenen Gebieten, in denen der Zugang zu Hilfe begrenzt ist, ist es nicht nur nützlich, zu wissen, wie man sich durch die Wildnis bewegt, Schutzräume baut oder Hilfe signalisiert, sondern kann auch Leben retten. Selbst die erfahrensten Wanderer können sich verirren, sich verletzen oder auf unerwartete Wetterbedingungen stoßen. Überlebensfähigkeiten sorgen dafür, dass Outdoor-Aktivitäten sicher und angenehm bleiben und gleichzeitig das Verletzungsrisiko minimiert wird.

Auch Überlebensfähigkeiten sind unglaublich stärkend. In einer Welt, in der wir oft in allem auf externe Quellen angewiesen sind, fördert die Fähigkeit, in schwierigen Situationen für sich selbst zu sorgen, Unabhängigkeit und Eigenständigkeit. Stellen Sie sich vor, Sie könnten in freier Wildbahn Nahrung finden oder einen Unterschlupf bauen, indem Sie nur die Materialien um Sie herum verwenden. Dabei handelt es sich um Fähigkeiten, die über Generationen weitergegeben wurden und für das Überleben unserer Vorfahren von entscheidender Bedeutung waren. Indem Sie sie lernen, können Sie sich mit der langen Geschichte des menschlichen Einfallsreichtums und der Widerstandsfähigkeit verbinden. Dies bietet nicht nur praktische Vorteile, sondern vermittelt auch ein

Erfolgserlebnis und Selbstvertrauen, das sich auf andere Lebensbereiche übertragen lässt.

Einer der wichtigsten Aspekte der Überlebensfähigkeiten besteht darin, zu lernen, unter Druck ruhig und gelassen zu bleiben. In jeder Notfallsituation ist es entscheidend, einen klaren Kopf zu bewahren, um kluge Entscheidungen treffen zu können. Diese mentale Vorbereitung kann Panik verhindern und es Ihnen ermöglichen, Ihre Umgebung einzuschätzen und entsprechende Maßnahmen zu ergreifen. Im Überlebenstraining lernen Sie, Risiken einzuschätzen, Ihre Bedürfnisse zu priorisieren und die verfügbaren Ressourcen optimal zu nutzen. Dies kann Ihnen helfen, sich auf das Wesentliche zu konzentrieren. Schutz, Wasser, Feuer und Nahrung sowie die Vermeidung unnötiger Fehler.

Ein weiterer Vorteil des Erlernens von Überlebensfähigkeiten besteht darin, dass dadurch Einfallsreichtum und Problemlösungsfähigkeiten vermittelt werden. In freier Wildbahn oder im Notfall haben Sie möglicherweise nicht Zugriff auf alle Werkzeuge oder Materialien, die Sie normalerweise verwenden würden. Überlebensfähigkeiten helfen Ihnen, kreativ darüber nachzudenken, wie Sie das, was Sie haben, nutzen können. Ob es darum geht, aus Ästen und Blättern einen Unterschlupf zu bauen, Feuer ohne Streichhölzer zu machen oder alternative Nahrungsquellen zu finden – diese Fähigkeiten fördern Innovation und die Fähigkeit, sich an schwierige Bedingungen anzupassen.

Feuer zum Beispiel ist eines der wichtigsten Überlebensmittel. Es sorgt nicht nur für Wärme, die in kalten Umgebungen unerlässlich ist, sondern ermöglicht Ihnen auch das Kochen von Speisen, das Sterilisieren von Wasser und das Signalisieren von Hilfe. Zu lernen, wie man mit natürlichen Materialien von Grund auf ein Feuer macht, ist eine wertvolle Fähigkeit, egal ob Sie in der Wildnis sind oder zu Hause einen Stromausfall haben. Dabei geht es nicht nur darum, zwei Stöcke aneinander zu reiben, sondern auch darum, die Arten von Materialien zu verstehen, die leicht Feuer fangen, wie man sie für maximale Hitze anordnet und wie man das Feuer sicher am Brennen hält.

Wasser ist eine weitere lebenswichtige Ressource. Während die moderne Gesellschaft uns einen einfachen Zugang zu sauberem Trinkwasser ermöglicht, kann es sein, dass Sie in vielen Notsituationen gezwungen sind, selbst Wasser zu beschaffen. Zu wissen, wie Wasser in der Natur zu finden ist, sei es aus Bächen, Tau oder unterirdischen Quellen, ist der Schlüssel zur Vermeidung von Austrocknung. Darüber hinaus ist nicht jedes in der Natur vorkommende Wasser trinkbar, daher ist es ebenso wichtig zu verstehen, wie man Wasser filtert und reinigt. Das Abkochen von Wasser, die Verwendung natürlicher Filtersysteme oder die Verwendung moderner Reinigungstabletten können einen großen

Unterschied bei der Gewährleistung sicherer Trinkwasserqualität machen.

Schutz ist ein weiteres grundlegendes Überlebensbedürfnis. Der Kontakt mit den Elementen, sei es Kälte, Hitze, Regen oder Wind, kann Ihr Leben gefährden. Wenn Sie wissen, wie Sie aus Materialien, die Sie in Ihrer Nähe finden, einen Unterschlupf bauen, können Sie sich vor rauen Wetterbedingungen schützen. Es ist keine ausgefallene Ausrüstung erforderlich; Oftmals können einfache Strukturen aus Ästen, Blättern oder sogar Schnee ausreichend Schutz bieten. Das Erlernen verschiedener Techniken zum Bau von Unterkünften ist von entscheidender Bedeutung, da die Umgebung, in der Sie sich befinden, bestimmt, welche Art von Unterkunft am besten funktioniert.

Nahrung ist natürlich für das langfristige Überleben notwendig, und wenn man weiß, wie man in freier Wildbahn Nahrung findet und zubereitet, kann man in Notfällen überleben. Während viele Menschen an

Jagen oder Angeln denken, gibt es auch die Nahrungssuche; Identifizierung essbarer Pflanzen, Früchte und Wurzeln, die die Natur bietet. Diese Fähigkeit erfordert Kenntnisse über lokale Pflanzen und ein Verständnis dafür, was sicher zu essen ist und was nicht. In Überlebenssituationen kann das Wissen, wie man Lebensmittel sicher sammelt und lagert, dafür sorgen, dass man ernährt bleibt, wenn die Nahrungsquellen knapp sind.

Selbst für diejenigen, die nicht viel Zeit im Freien verbringen, sind Überlebensfähigkeiten auch im städtischen Umfeld nützlich. Stromausfälle, Infrastrukturausfälle oder extreme Wetterereignisse können dazu führen, dass Menschen in Städten keinen Zugang zu Grundbedürfnissen haben. Zu verstehen, wie man sich in solchen Situationen warm hält, Lebensmittel konserviert und Wasser sammelt, ist genauso wichtig wie in der Wildnis.

Auch die Vermittlung von Überlebensfähigkeiten für Kinder schon in jungen Jahren kann von großem

Nutzen sein. Diese Fähigkeiten stärken die Belastbarkeit, Unabhängigkeit und die Fähigkeit zum kritischen Denken junger Menschen. Einfache Lektionen wie das Verstehen der Bedeutung von Wasser, das Erlernen grundlegender Erster Hilfe oder das Finden einer Unterkunft können Kindern wertvolle Lektionen fürs Leben vermitteln, die sie bis ins Erwachsenenalter mitnehmen. Es hilft ihnen auch, Respekt vor der Natur und ein Verständnis für das Gleichgewicht zwischen menschlichem Leben und Umwelt zu entwickeln.

Überlebensfähigkeiten sind nicht nur etwas für Abenteurer oder Menschen, die in abgelegenen Gebieten leben, sie sind für jeden von entscheidender Bedeutung. Notfälle und unerwartete Situationen können jedem passieren. Wenn Sie mit grundlegenden Überlebensfähigkeiten vorbereitet sind, verfügen Sie über das Wissen und die Werkzeuge, um sicher damit umzugehen. Diese Fähigkeiten verbinden uns mit unserer Vergangenheit, stärken uns in der Gegenwart und bereiten uns auf die Zukunft vor. Indem wir lernen, für uns selbst und die Menschen um uns herum zu sorgen, entwickeln wir eine tiefere Wertschätzung für die Welt, in der wir leben, und werden zu eigenständigeren, einfallsreicheren und widerstandsfähigeren Menschen.

KAPITEL 1

Grundlegende Überlebensprinzipien verstehen

Die Überlebensregel der Drei: Luft, Unterkunft, Wasser und Nahrung

In jeder Überlebenssituation ist es wichtig zu wissen, was Ihre Prioritäten sind. Hier kommt die „Überlebensregel der Drei" ins Spiel. Diese Regel hilft Ihnen, sich daran zu erinnern, was am wichtigsten ist, um am Leben zu bleiben, wenn etwas schief geht, und gibt Ihnen ein klares Gefühl dafür, worauf Sie sich konzentrieren müssen. Die Regel ist einfach: Sie können etwa drei Minuten ohne Luft, drei Stunden ohne Schutz unter rauen Bedingungen, drei Tage ohne Wasser und drei Wochen ohne Nahrung überleben. Um in einer

Krise kluge Entscheidungen treffen zu können, ist es wichtig, diese Prioritätenfolge zu verstehen.

Das erste und wichtigste Überlebenselement ist die Luft. Um zu funktionieren, ist unser Körper auf eine konstante Sauerstoffversorgung angewiesen und ohne Sauerstoff können wir nur wenige Minuten überleben. In den meisten Situationen müssen wir uns um die Luft keine Sorgen machen, da sie überall um uns herum ist. Es gibt jedoch Situationen, in denen dies möglicherweise nicht der Fall ist. Wenn Sie sich beispielsweise in einer verrauchten Umgebung befinden, unter Wasser gefangen sind oder sich in einem Bereich mit giftigen Gasen befinden, kann es sein, dass Ihnen der Zugang zu sauberer, atembarer Luft verwehrt bleibt. Aus diesem Grund hat die Gewährleistung einer klaren und sicheren Luftquelle in Überlebenssituationen oberste Priorität.

Wenn Sie sich jemals in einer Umgebung befinden, in der die Luft beeinträchtigt ist, ist es wichtig, schnell und ruhig zu handeln, um eine Möglichkeit zu finden, sicher zu atmen. Dies kann bedeuten, einem Feuer zu entkommen, aus einem eingestürzten Gebäude zu fliehen oder eine Maske zu verwenden, um schädliche Partikel herauszufiltern. Bei Wassernotfällen, etwa wenn man unter Eis oder in einem sinkenden Boot gefangen ist, ist es entscheidend zu wissen, wie man seine Atmung kontrolliert und einen Weg an die Oberfläche findet. Selbst einfache Dinge, wie die Vermeidung von Panik und die Schonung der Luft, die Ihnen zur Verfügung steht, können einen großen Unterschied in Ihren Überlebenschancen machen.

Sobald Sie Luft haben, ist das nächste wichtige Bedürfnis Schutz. Shelter schützt Sie vor den Elementen, egal ob Kälte, Hitze, Regen oder Wind. Ohne Schutz kann Ihr Körper je nach Umgebung schnell Wärme verlieren oder überhitzen, was zu lebensbedrohlichen Zuständen wie Unterkühlung oder Hitzschlag führen kann. Die Dreierregel sagt uns, dass man unter rauen Bedingungen etwa drei

Stunden ohne Schutz überleben kann, was sie zur zweitwichtigsten Priorität nach der Luft macht.

Abhängig von der Umgebung, in der Sie sich befinden, gibt es viele Formen von Schutz. In einem kalten Klima kann Schutz bedeuten, eine Struktur zu finden oder zu bauen, die den Wind abhält und die Körperwärme speichert. Dies kann so etwas Einfaches sein wie ein Unterstand aus Ästen, eine Schneehöhle oder sogar die Verwendung eines Schlafsacks und einer Plane, um sich vor dem Wind zu schützen. In einer heißen, sonnigen Umgebung kann es sein, dass als Schutzraum Schatten geschaffen wird, um einen Hitzschlag zu verhindern, indem alle verfügbaren Materialien wie Steine, Pflanzen oder Kleidung verwendet werden. Der Schlüssel besteht darin, Ihren Körper vor den Elementen zu schützen, um eine stabile Körpertemperatur aufrechtzuerhalten.

Zu wissen, wie man einen effektiven Unterschlupf baut, ist eine der nützlichsten

Überlebensfähigkeiten, die man haben kann. Auch wenn Sie keine Werkzeuge oder Ausrüstung haben, können Sie aus natürlichen Materialien wie Blättern, Zweigen und Erde einen einfachen Unterschlupf bauen. Es ist auch wichtig, einen sicheren Standort für Ihren Unterschlupf zu wählen – entfernt von Wasserquellen, die überfluten könnten, und nicht unter Bäumen, von denen schwere Äste herunterfallen könnten. Sobald Sie eine Unterkunft haben, können Sie sich die Zeit zum Ausruhen nehmen und Ihre nächsten Schritte sicherer planen.

Die dritte Priorität ist Wasser. Unser Körper besteht zu etwa 60 % aus Wasser und jede Zelle in unserem Körper ist für ihre Funktion auf Wasser angewiesen. Ohne ausreichend Wasser dehydrieren wir, was zu Schwindel, Verwirrtheit und schließlich zu Organversagen führen kann. Auch wenn wir ein paar Tage ohne Wasser auskommen können, werden diese Tage mit jeder Stunde, die vergeht, gefährlicher. Bereits nach drei Tagen ohne Wasser kann der Körper abschalten.

In Überlebenssituationen ist es entscheidend, eine zuverlässige Quelle für sauberes Wasser zu finden. In der Natur kommt Wasser oft in Bächen, Seen oder sogar im Morgentau vor. Allerdings sind nicht alle Wasserquellen direkt trinkbar. Das Trinken von verunreinigtem Wasser kann zu schweren Erkrankungen wie Durchfall oder Erbrechen führen, die die Dehydrierung verschlimmern können. Deshalb ist es wichtig zu wissen, wie man Wasser reinigt, wenn Sie sich über seine Sicherheit nicht sicher sind. Sie können dies tun, indem Sie das Wasser abkochen, ein Filtersystem verwenden oder Reinigungstabletten hinzufügen.

Wenn Sie keinen Zugang zu offensichtlichen Wasserquellen wie Flüssen oder Seen haben, können Sie mit anderen Methoden kreativ werden. Das Sammeln von Regenwasser ist beispielsweise eine großartige Möglichkeit, in der Wildnis sauberes Wasser zu gewinnen. Wenn es nicht regnet, können Sie den Morgentau für die Pflanzen nutzen oder sogar Wasser sammeln, indem Sie ein Loch in den Boden graben und es mit einer Plastikfolie abdecken, um Kondenswasser aufzufangen. Unabhängig davon, welche Methode Sie anwenden, ist es wichtig, regelmäßig zu trinken, um eine Dehydrierung zu vermeiden und die ordnungsgemäße Funktion Ihres Körpers aufrechtzuerhalten.

Schließlich ist Essen die letzte Priorität in der Überlebensregel der Drei. Während Nahrung für die Energiegewinnung und die Erhaltung Ihrer Gesundheit unerlässlich ist, kann Ihr Körper ohne sie bis zu drei Wochen überleben. In Überlebenssituationen machen sich Menschen oft zu früh Sorgen um die Nahrung, obwohl sie sich eigentlich zuerst auf Unterkunft und Wasser konzentrieren sollten. Denn auch wenn Hunger unangenehm ist, kann Ihr Körper lange Zeit ohne Essen funktionieren. Aber sobald Ihr

Grundbedürfnis nach Luft, Schutz und Wasser gedeckt ist, wird es wichtig, Nahrung zu finden, um Ihr Energieniveau aufrechtzuerhalten, stark zu bleiben und klar zu denken.

In der Wildnis gibt es viele Möglichkeiten, Nahrung zu finden, wenn man weiß, wo man suchen muss. Sie können nach essbaren Pflanzen, Beeren und Wurzeln suchen, aber Sie müssen vorsichtig und sachkundig sein, da einige Pflanzen giftig sind. Angeln ist eine weitere gute Möglichkeit, in Überlebenssituationen Nahrung zu beschaffen, ebenso wie das Fangen kleiner Tiere. Wenn Sie sich über einen längeren Zeitraum in einer Überlebenssituation befinden, ist es ebenso wichtig zu wissen, wie man Essen zubereitet und kocht, insbesondere wenn Sie Fleisch oder Fisch fangen, die beim rohen Verzehr Bakterien übertragen könnten. Kochen schmeckt nicht nur besser, sondern tötet auch schädliche Keime ab, die Sie krank machen könnten.

Es ist wichtig zu wissen, dass das Sammeln von Nahrung Zeit und Mühe kostet. Daher ist es in einer Überlebenssituation ratsam, Energie zu sparen. Verbringen Sie nicht zu viel Zeit mit der Nahrungssuche, wenn Sie dadurch zu erschöpft sind, um sich um unmittelbarere Bedürfnisse wie Wasser oder Unterkunft zu kümmern. Konzentrieren Sie sich stattdessen auf energiereiche Nahrungsquellen, die Ihnen bei geringstem Arbeitsaufwand die meisten Nährstoffe liefern. Nüsse, Samen, Fisch und Kleinwild können Ihrem Körper die Kalorien liefern, die er zum Überleben benötigt.

Die Überlebensregel der Drei bietet eine klare und logische Möglichkeit, Ihre Bedürfnisse in einer Überlebenssituation zu priorisieren. Stellen Sie zunächst sicher, dass Sie Zugang zu sauberer Luft haben. Konzentrieren Sie sich als Nächstes darauf, einen Unterschlupf zu bauen, um sich vor den Elementen zu schützen. Sorgen Sie dann für eine saubere Wasserquelle und überlegen Sie schließlich, wie Sie Nahrung finden, um Ihre Energie aufrechtzuerhalten. Diese Reihenfolge der Prioritäten stellt sicher, dass Sie sich zuerst auf die kritischsten Bedürfnisse konzentrieren und sich die besten Überlebenschancen verschaffen, unabhängig davon, wo Sie sich befinden oder mit welchen Bedingungen Sie konfrontiert sind. Indem Sie sich diese Regel merken und anwenden, können Sie ruhig bleiben, kluge Entscheidungen treffen und Ihre Überlebenschancen selbst in den schwierigsten Situationen erhöhen.

Mentale Bereitschaft: Der Schlüssel, um in Notfällen ruhig zu bleiben

Die mentale Vorbereitung ist einer der wichtigsten Aspekte des Überlebens in jedem Notfall oder Überlebensszenario. Wenn Sie sich in einer gefährlichen oder lebensbedrohlichen Situation befinden, kann Ihre Fähigkeit, ruhig zu bleiben, klar zu denken und schnelle Entscheidungen zu treffen, den Unterschied zwischen Leben und Tod ausmachen. Während körperliche

Überlebensfähigkeiten wie Feuer machen, Nahrung finden oder einen Unterschlupf bauen wichtig sind, sind diese nicht von Bedeutung, wenn Sie Ihren Geist angesichts der Gefahr nicht konzentriert und ruhig halten können.

In Überlebenssituationen reagiert Ihr Körper auf Stress auf eine Weise, die sich manchmal negativ auf Sie auswirken kann. Wenn Sie Angst haben, reagiert Ihr Körper auf die sogenannte „Kampf-oder-Flucht"-Reaktion. Dies ist eine natürliche Reaktion, die Sie vor Gefahren schützt. Ihr Herz beginnt schneller zu schlagen, Ihre Atmung beschleunigt sich und Ihre Muskeln spannen sich an, um sich darauf vorzubereiten, sich der Bedrohung entweder zu stellen oder vor ihr davonzulaufen. Während diese Reaktion in bestimmten Situationen hilfreich sein kann, beispielsweise wenn Sie vor einem wilden Tier fliehen müssen, kann sie es auch schwierig machen, klar zu denken und rationale Entscheidungen zu treffen.

Wenn Ihr Körper in Panik gerät, funktioniert Ihr Gehirn nicht immer so, wie es sollte. Sie könnten von Angst überwältigt werden, was zu schlechten Entscheidungen führt, oder Sie könnten erstarren und nicht in der Lage sein, überhaupt etwas zu unternehmen. Aus diesem Grund ist die mentale Vorbereitung in Überlebensszenarien so wichtig. Indem Sie Ihren Geist trainieren, ruhig und konzentriert zu bleiben, können Sie die Panik vermeiden, die Ihr Urteilsvermögen trübt, und Entscheidungen treffen, die Ihre Sicherheit gewährleisten.

Einer der ersten Schritte zur mentalen Vorbereitung besteht darin, zu akzeptieren, dass Notfälle und unvorhersehbare Situationen jederzeit eintreten können. Es ist wichtig, sich dieser Realität bewusst zu sein, sich aber nicht von ihr überwältigen zu lassen. Mental vorbereitet zu sein bedeutet nicht, Angst vor dem zu haben, was passieren könnte; Stattdessen bedeutet es, bereit zu sein, mit schwierigen Situationen umzugehen, wenn sie auftreten. Ein ruhiger und vorbereiteter Geist gerät weniger in Panik, sodass Sie die Situation rational einschätzen und einen Aktionsplan ausarbeiten können.

In Notfällen ruhig zu bleiben, beginnt mit der Kontrolle Ihrer Atmung. Wenn Sie in Panik geraten, wird Ihre Atmung schnell und flach, was dazu führen kann, dass Sie sich noch ängstlicher fühlen. Durch langsames, tiefes Atmen können Sie Ihrem Körper helfen, sich zu entspannen und die Kontrolle über Ihre Emotionen zurückzugewinnen. Dies ist eine einfache Technik, die Sie überall anwenden können und eine der effektivsten Methoden, um sich bei Stress zu beruhigen. Sobald Ihre Atmung ruhig ist, können Sie beginnen, klarer zu denken und sich auf das zu konzentrieren, was getan werden muss.

Ein weiterer wichtiger Aspekt der mentalen Vorbereitung ist das Vertrauen in Ihre Fähigkeiten.

Wenn Sie grundlegende Überlebensfähigkeiten erlernt haben, etwa wie man ein Feuer macht, Wasser findet oder sich mithilfe einer Karte zurechtfindet, ist es wahrscheinlicher, dass Sie im Notfall ruhig bleiben. Das Vertrauen in Ihr Wissen und Ihre Fähigkeiten gibt Ihnen die Gewissheit, dass Sie mit der Situation umgehen können. Es ist auch wichtig zu bedenken, dass nicht jedes Problem sofort gelöst werden kann. Manchmal ist es das Beste, auf den richtigen Moment zum Handeln zu warten, und zu wissen, wann man an Ort und Stelle bleiben und Energie sparen sollte, ist ein Zeichen mentaler Stärke.

Neben dem Aufbau von Selbstvertrauen in Ihre Fähigkeiten kann das Üben realistischer Szenarien dabei helfen, Ihren Geist auf Notfälle vorzubereiten. Wenn Sie beispielsweise gerne campen oder wandern, können Sie unter verschiedenen Bedingungen das Anlegen von Unterständen oder das Anzünden von Feuern üben. Wenn Sie diese Aktivitäten in einer sicheren Umgebung durchführen, können Sie sich mit ihnen vertraut machen. Wenn Sie sich also jemals in einer echten Überlebenssituation befinden, werden sie für Sie natürlicher sein. Je besser Sie vorbereitet sind, desto geringer ist die Wahrscheinlichkeit, dass Sie in Panik geraten, wenn etwas schief geht.

Eine weitere wichtige mentale Fähigkeit in Überlebenssituationen besteht darin, positiv zu bleiben und sich auf die anstehende Aufgabe zu konzentrieren. Während es leicht ist, sich von den Herausforderungen, vor denen Sie stehen, überwältigt zu fühlen, kann eine positive Einstellung den entscheidenden Unterschied machen. Wenn Sie sich auf die Schritte konzentrieren, die Sie unternehmen müssen, um sicher zu bleiben – wie zum Beispiel die Suche nach einem Unterschlupf, die Sicherung von Wasser oder das Signalisieren um Hilfe –, beschäftigen Sie sich mit produktiven Aufgaben und nicht mit Angst. Wenn Sie sich auf Ihr Ziel konzentrieren, bleibt Ihre

Energie auf das Überleben gerichtet, anstatt sich Sorgen darüber zu machen, was passieren könnte.

Es ist auch hilfreich, große Probleme in kleinere, besser zu bewältigende Aufgaben aufzuteilen. Anstatt zum Beispiel zu denken: „Wie soll ich hier draußen tagelang überleben?" Sie können sich in der nächsten Stunde auf das konzentrieren, was Sie tun müssen. Vielleicht bedeutet das, einen sicheren Ort zum Ausruhen oder Wasserholen zu finden. Indem Sie die Dinge Schritt für Schritt angehen, vermeiden Sie das Gefühl, vom Gesamtbild überwältigt zu werden, und können stetige Fortschritte auf dem Weg zu Ihrem Überleben machen.

Zur mentalen Vorbereitung gehört auch das Wissen, wie man in schwierigen Situationen mit seinen Emotionen umgeht. Angst, Unruhe und sogar Traurigkeit sind normale Reaktionen auf eine Gefahr, aber es ist wichtig, dass Sie sich nicht von diesen Emotionen kontrollieren lassen. Der erste

Schritt besteht darin, anzuerkennen, was Sie fühlen, aber dann müssen Sie über diese Gefühle hinausgehen und sich auf das konzentrieren, was Sie tun können, um Ihre Situation zu verbessern. Das bedeutet nicht, dass Sie Ihre Emotionen ignorieren, sondern vielmehr lernen, sie beiseite zu legen, damit Sie sich auf die praktischen Schritte konzentrieren können, die Sie unternehmen müssen.

In einer Gruppenüberlebenssituation gehört zur mentalen Vorbereitung auch die Fähigkeit, gut mit anderen zusammenzuarbeiten. Effektive Kommunikation und Teamarbeit können Ihre Überlebenschancen erheblich verbessern. Der Austausch von Ideen, die abwechselnde Führung und die gegenseitige Unterstützung können dazu beitragen, dass die Gruppe konzentriert bleibt und das Risiko, dass jemand in Panik gerät, verringert wird. Wenn jemand in der Gruppe ängstlich oder ängstlich wird, ist es wichtig, ihm zu helfen, sich zu beruhigen, indem man über die Situation spricht, ihn beruhigt und ihn an die Fähigkeiten und

Kenntnisse erinnert, die der Gruppe zum Erfolg verhelfen können.

Zur mentalen Vorbereitung gehört auch, sich auf die Möglichkeit vorzubereiten, dass die Dinge nicht immer nach Plan laufen. Selbst bei bester Vorbereitung sind Überlebenssituationen unvorhersehbar und es werden Herausforderungen auftauchen, mit denen Sie nicht gerechnet haben. Indem Sie geistig flexibel und offen für Veränderungen bleiben, können Sie sich an neue Umstände anpassen und kreative Lösungen für Probleme finden. Diese Anpassungsfähigkeit ist der Schlüssel zum Überleben in der Wildnis oder in Notfällen, wo sich die Dinge schnell ändern können und die Fähigkeit, ruhig zu bleiben und schnell zu denken, noch wichtiger wird.

Einer der wichtigsten Aspekte der mentalen Vorbereitung ist der Überlebenswille. In vielen Überlebenssituationen ist die größte Herausforderung nicht der Mangel an Nahrung oder

Wasser, sondern der mentale Kampf, weiterzumachen, wenn die Dinge hoffnungslos erscheinen. Ein starker Überlebenswille kann Sie dazu drängen, es weiter zu versuchen, auch wenn die Chancen schlecht stehen. Diese mentale Stärke ermöglicht es Menschen, schwierige Situationen länger auszuhalten, als sie es für möglich gehalten hätten. Es ist wichtig, sich daran zu erinnern, warum Sie überleben wollen, sei es für sich selbst, für Ihre Lieben oder für das Ziel, die Herausforderung zu meistern.

Mentale Bereitschaft ist die Grundlage des Überlebens. Indem Sie ruhig bleiben, Ihre Emotionen im Griff haben, sich auf Ihre Aufgaben konzentrieren und auf Ihre Fähigkeiten vertrauen, können Sie Ihre Chancen erhöhen, selbst die schwierigsten Situationen zu überstehen. Ein vorbereiteter Geist ist ein mächtiges Werkzeug, das es Ihnen ermöglicht, kluge Entscheidungen zu treffen und die Panik zu vermeiden, die zu Fehlern führen kann. Mentale Stärke, Selbstvertrauen und eine positive Einstellung können dafür sorgen, dass Sie sicher, konzentriert und vorankommen, ganz gleich, mit welchem Überlebensszenario Sie konfrontiert sind.

Überlebensprioritäten: Bewertung von Risiken und Ressourcen

In jeder Überlebenssituation ist die Fähigkeit, Risiken einzuschätzen und Ressourcen zu priorisieren, entscheidend, um am Leben zu bleiben. Wenn Sie sich in einem Notfall befinden, können Ihre unmittelbaren Maßnahmen darüber entscheiden, ob Sie sicher durchkommen. Um die besten Entscheidungen zu treffen, müssen Sie Ihre Umgebung schnell bewerten, potenzielle Gefahren identifizieren und verstehen, welche Ressourcen Ihnen zur Verfügung stehen. Sobald Sie die Risiken bewertet haben, können Sie Ihre Maßnahmen entsprechend Ihren dringendsten Bedürfnissen priorisieren, z. B. Schutz suchen, Wasser finden oder Gefahren vermeiden.

Der erste Schritt bei der Risikobewertung besteht darin, Ihre Umgebung zu bewerten. Nehmen Sie sich einen Moment Zeit, um zu beobachten, wo Sie sind und was um Sie herum vor sich geht. Bestehen unmittelbare Gefahren wie gefährliche Tiere, Steinschlag, extreme Wetterbedingungen oder Feuer? Wenn Sie sich beispielsweise in einem Gebiet befinden, das anfällig für Waldbrände oder Sturzfluten ist, hat die Suche nach einem sicheren Ort abseits dieser Bedrohungen oberste Priorität. Sie müssen sich auch aller Gefahren bewusst sein, die möglicherweise nicht sofort sichtbar sind, wie z. B. instabiler Boden oder versteckte Klippen. Das frühzeitige Erkennen dieser Risiken trägt dazu bei, Unfälle zu vermeiden und ermöglicht es Ihnen, angemessen zu reagieren, bevor sich die Situation verschlimmert.

Neben physischen Gefahren müssen Sie auch Umweltrisiken wie Wetterbedingungen berücksichtigen. Das Wetter spielt eine große Rolle beim Überleben. Extreme Kälte oder Hitze können lebensbedrohlich sein, wenn nicht schnell dagegen vorgegangen wird. Beispielsweise kann es zu Unterkühlung kommen, wenn Sie kaltem Wetter ohne angemessenen Schutz ausgesetzt sind. Andererseits kann extreme Hitze zu Dehydrierung oder Hitzschlag führen. Wenn Sie Gewitterwolken, aufkommenden Wind oder sinkende Temperaturen bemerken, ist es wichtig, schnell zu handeln, einen Unterschlupf zu finden und sich vor den Elementen zu schützen.

Sobald Sie die unmittelbaren Risiken erkannt haben, besteht der nächste Schritt darin, gemeinsam mit Ihnen Ihren eigenen Zustand und den anderer zu beurteilen. Sind Sie oder jemand in Ihrer Gruppe verletzt? Haben Sie die Energie, bei Bedarf schnell zu handeln? Bei Verletzungen hat die Pflege Priorität. Grundlegende Erste Hilfe kann erforderlich sein, um Blutungen zu stoppen, Verbrennungen zu behandeln oder Wunden zu verbinden. Wenn sich jemand in einem ernsten Zustand befindet, kann die Notwendigkeit, Hilfe zu suchen oder einen sicheren Ort zum Ausruhen zu schaffen, Vorrang vor anderen Aufgaben haben.

Nachdem Sie die Risiken bewertet haben, ist es an der Zeit, Ihre Überlebensbedürfnisse anhand der „Überlebensregel der Drei" zu priorisieren. Diese Regel besagt, dass man unter extremen Bedingungen nicht länger als drei Minuten ohne Luft, drei Stunden ohne Schutz bei Unwettern, drei Tage ohne Wasser und drei Wochen ohne Nahrung überleben kann. Dieser Leitfaden kann Ihnen dabei helfen, schnell zu entscheiden, was Sie als Erstes tun sollten.

Luft ist das größte Problem. Wenn Sie sich in einer Situation befinden, in der keine saubere Luft verfügbar ist, beispielsweise wenn Sie sich in einem verrauchten Bereich oder in einem eingestürzten Gebäude befinden, besteht Ihre erste Priorität darin, einen Weg zu finden, sicher zu atmen. Gehen Sie an einen Ort, an dem Sie Zugang zu frischer Luft haben und Erstickungsgefahr vermeiden. Sobald

Ihre Atmung sicher ist, können Sie sich auf andere Bedürfnisse konzentrieren.

Bei extremen Wetterbedingungen wird der Schutz schnell zur nächsten Priorität. Wenn es eiskalt ist, schneit, regnet oder extrem heiß ist, müssen Sie einen Unterschlupf finden oder schaffen, um sich vor den Elementen zu schützen. Wenn man diesen Bedingungen zu lange ausgesetzt ist, kann es zu Unterkühlung oder Hitzeerschöpfung kommen, die beide tödlich sein können. Wenn Sie nur wenig Zeit und Energie haben, kann der Bau eines einfachen Unterschlupfs oder die Suche nach natürlichem Schutz, etwa einer Höhle oder dichten Bäumen, die wichtigste Aufgabe sein, die es zu bewältigen gilt. Der Schlüssel liegt darin, die Belastung durch die Umwelt zu reduzieren und gleichzeitig Energie für andere Aufgaben zu sparen.

Wasser hat ebenfalls höchste Priorität. Eine Dehydrierung kann innerhalb weniger Stunden eintreten, insbesondere wenn Sie sich anstrengen oder sich in einer heißen Umgebung aufhalten. Um dies zu verhindern, müssen Sie frühzeitig eine zuverlässige Wasserquelle finden. Suchen Sie nach Anzeichen von Wasser, z. B. Bächen, Seen oder Bereichen, in denen sich Tiere versammeln. Wenn Sie Wasser finden, ist es wichtig, es vor dem Trinken zu reinigen, da natürliche Wasserquellen schädliche Bakterien oder Parasiten übertragen können. Das Abkochen des Wassers, die Verwendung von Wasserreinigungstabletten oder das Filtern können den Konsum sicher machen. In Situationen, in denen Wasser knapp ist, ist es wichtig, Energie zu sparen, um Schwitzen und Flüssigkeitsverlust zu reduzieren.

Nahrung ist zwar nicht so unmittelbar wie Wasser oder Unterkunft, muss aber nach den ersten Tagen dennoch Priorität haben. Mangelnde Nahrung wird Sie mit der Zeit schwächen und es schwieriger machen, wichtige Aufgaben zu erfüllen. In einer Überlebenssituation müssen Sie bei der Nahrungssuche einfallsreich sein. Dazu kann es gehören, nach essbaren Pflanzen zu suchen, Fallen für Kleintiere aufzustellen oder zu angeln. Es ist jedoch wichtig, die Nahrungssuche mit Ihren anderen Bedürfnissen in Einklang zu bringen, insbesondere wenn die Energie begrenzt ist.

Sobald Ihre unmittelbaren Bedürfnisse (Luft, Unterkunft, Wasser und Nahrung) erfüllt sind, können Sie über die langfristigen Risiken und Lösungen nachdenken. Wenn Sie beispielsweise in einer abgelegenen Gegend festsitzen, kann es zur Priorität werden, Hilfe zu signalisieren. Das Erzeugen großer, sichtbarer Signale, z. B. die Verwendung von Steinen, um „HILFE" zu buchstabieren, oder das Anzünden eines Signalfeuers, kann Retter anlocken. Wenn Sie nur über begrenzte Werkzeuge oder Materialien verfügen, müssen Sie möglicherweise kreativ sein und Wege finden, Ihren Standort anderen mitzuteilen.

In manchen Überlebenssituationen ist es wichtig, schnelle Entscheidungen zu treffen, aber es ist auch wichtig, Eile zu vermeiden, ohne über die Konsequenzen nachzudenken. Impulsives Handeln aus Angst oder Panik kann zu Fehlern führen, die Sie noch mehr in Gefahr bringen können. Wenn Sie sich einen Moment Zeit nehmen, um Ihren Geist zu beruhigen und klar zu denken, können Sie die Risiken genauer einschätzen und klügere Entscheidungen treffen. Wenn Sie sich beispielsweise verirrt haben, kann es verlockend erscheinen, sofort in eine Richtung zu laufen. In der Regel ist es jedoch besser, dort zu bleiben oder einem bekannten Weg zu folgen, bis Sie weitere Informationen darüber erhalten, wo Sie sich befinden.

Es ist auch wichtig, die Ihnen zur Verfügung stehenden Ressourcen zu bewerten. Dazu gehört alles, was Sie zur Hand haben, wie Werkzeuge, Kleidung und Materialien, sowie alles, was sich in Ihrer Umgebung befindet. Beispielsweise kann ein einfaches Stück Plastikfolie zum Auffangen von Regenwasser verwendet werden, und aus Stöcken und Blättern kann ein Unterschlupf gebaut werden. Sie müssen anhand Ihres unmittelbaren Bedarfs priorisieren, welche Ressourcen am wichtigsten sind. Wenn beispielsweise die Temperatur sinkt, ist die Suche nach Materialien für ein Feuer oder Isolierung wichtiger als die Suche nach Nahrungsmitteln.

Ein letzter Aspekt der Risiko- und Ressourceneinschätzung ist das Verständnis der eigenen körperlichen und geistigen Grenzen. Überanstrengung kann zu Erschöpfung führen, was es schwieriger macht, klar zu denken und effizient zu handeln. Anstatt Aufgaben zu überstürzen, ist es besser, Energie zu sparen und sich ein bestimmtes Tempo zu geben. Wenn Sie ruhig bleiben und sich auf eine Aufgabe nach der anderen konzentrieren, erhöhen Sie Ihre Erfolgschancen und verringern gleichzeitig das Risiko, aufgrund von Müdigkeit oder Stress Fehler zu machen.

Die erfolgreiche Bewältigung einer Überlebenssituation erfordert ein sorgfältiges Gleichgewicht zwischen Risikobewertung und Ressourcenmanagement. Indem Sie Ihre Umgebung bewerten, auf unmittelbare Risiken eingehen und Ihre Handlungen auf der Grundlage der Überlebensregel der Drei priorisieren, können Sie Ihre Chancen erhöhen, in Sicherheit zu bleiben und einen Ausweg zu finden. Schnelle und wohlüberlegte Entscheidungen über Unterkunft, Wasser, Nahrung und andere Bedürfnisse sind der Schlüssel zum Überleben. Wenn Sie ruhig und einfallsreich bleiben, können Sie sich besser an alle Herausforderungen anpassen, mit denen Sie konfrontiert sind.

KAPITEL 2

Die Wahl des perfekten Survival-Shelter-Standorts

Geländebeurteilung: Worauf Sie bei einem sicheren Unterschlupf achten sollten

Wenn Sie sich in einer Überlebenssituation in der Wildnis befinden, besteht eine der ersten Aufgaben darin, einen Ort als Unterschlupf auszuwählen. Ihr Tierheim schützt Sie vor Witterungseinflüssen, Wildtieren und anderen potenziellen Gefahren. Es reicht jedoch nicht jeder beliebige Ort aus. Die Wahl des richtigen Geländes ist entscheidend, um Ihre Sicherheit, Ihren Komfort und Ihr Überleben zu gewährleisten. Bei der Beurteilung des Geländes müssen mehrere Faktoren berücksichtigt werden, darunter die Höhenlage, die Nähe zum Wasser und der natürliche Schutz. Wenn Sie diese Elemente verstehen, können Sie eine fundierte Entscheidung treffen, die Ihre Chancen auf Sicherheit und Komfort erhöht.

Die Höhenlage ist einer der wichtigsten Aspekte bei der Auswahl eines Schutzstandorts. Hochgelegenes Gelände bietet in einer Überlebenssituation mehrere Vorteile. Erstens verringert es das Risiko von Überschwemmungen. Tief gelegene Gebiete, insbesondere in der Nähe von Flüssen oder Seen, sind bei Regen anfälliger für Überschwemmungen, was den Standort Ihres Unterschlupfs unsicher machen kann. Wenn Sie einen etwas höheren Standort wählen, stellen Sie sicher, dass Sie nicht in einer Wasserpfütze aufwachen oder von plötzlichen Sturzfluten mitgerissen werden. Darüber hinaus bietet eine Anhöhe eine bessere Sicht, sodass Sie potenzielle Gefahren wie Raubtiere oder herannahende Stürme aus der Ferne erkennen können. Außerdem ist es für Rettungsteams oder andere Personen einfacher, Sie zu sehen, was in einer Überlebenssituation von entscheidender Bedeutung sein kann.

Es ist jedoch wichtig, nicht zu hoch zu gehen. Während erhöhter Boden von Vorteil ist, kann es genauso gefährlich sein, starken Winden oder kalten Temperaturen ausgesetzt zu sein. Wenn Sie sich in einer bergigen oder hügeligen Gegend befinden, versuchen Sie, einen Standort zu finden, der hoch genug ist, um Überschwemmungen zu vermeiden, aber dennoch Schutz vor Wind bietet. Dazu kann es erforderlich sein, einen geschützten Bereich in der Nähe von Bäumen oder Felsen zu finden, der als Windschutz dienen kann. Der Wind kann Ihrem Körper schnell Wärme entziehen, daher ist es wichtig, die Höhenlage mit dem Schutz vor den Elementen in Einklang zu bringen.

Ein weiterer kritischer Faktor ist die Nähe zum Wasser. Während Wasser überlebenswichtig ist, kann der Bau Ihres Unterschlupfs zu nahe an einer Wasserquelle Sie mehreren Gefahren aussetzen.

Flüsse, Bäche oder Seen können unerwartet überschwemmen, insbesondere nach starken Regenfällen oder der Schneeschmelze. Selbst ein sanfter Bach kann bei einem Sturm zu einem reißenden Strom werden. Idealerweise möchten Sie nah genug am Wasser sein, um einen einfachen Zugang zu ermöglichen, aber weit genug entfernt, um die Gefahr einer Überschwemmung zu vermeiden. Als Faustregel gilt, dass Sie mindestens 200 Fuß von Wasserquellen entfernt sein sollten. Dieser Abstand stellt sicher, dass Sie immer noch Zugang zum Wasser haben, ohne einer unmittelbaren Gefahr durch Überschwemmungen ausgesetzt zu sein oder Wildtiere anzulocken, die zum Trinken ans Wasser kommen könnten.

Auch Wasserquellen sind für die Aufrechterhaltung der Hygiene wichtig. Wenn Sie sich in der Nähe von Wasser aufhalten, können Sie sich selbst, Ihre Kleidung und alle Utensilien waschen, die Sie möglicherweise verwenden. Achten Sie jedoch darauf, wo Sie Wasser sammeln. Auch wenn natürliche Wasserquellen sauber aussehen, können sie schädliche Bakterien oder Parasiten beherbergen. Reinigen Sie das Wasser immer, bevor Sie es trinken, indem Sie es abkochen, filtern oder Reinigungstabletten verwenden.

Darüber hinaus haben Sie durch die Wahl eines Unterschlupfstandorts in der Nähe von Wasser auch Zugang zu Nahrungsquellen wie Fischen oder essbaren Pflanzen, die in der Nähe von Wasser gedeihen. Bedenken Sie jedoch, dass die Nähe zum Wasser auch Tiere, darunter gefährliche Raubtiere, anlocken kann. Tiere nutzen Wasserquellen zum Trinken und das Letzte, was Sie sich wünschen, ist eine unerwartete Begegnung mit Wildtieren in der Nähe Ihres Tierheims. Am besten bauen Sie Ihren Unterschlupf in sicherer Entfernung auf, sodass Sie die Aktivitäten der Tiere gefahrlos beobachten können.

Der natürliche Schutz ist ein weiteres wesentliches Element bei der Beurteilung des Geländes für einen

Unterschlupf. Suchen Sie nach Merkmalen in der Umgebung, die Sie vor Wind, Regen oder Sonne schützen können. Natürliche Barrieren wie Bäume, Klippen, große Felsen oder Hügel können einen hervorragenden Schutz bieten. Wenn Sie Ihren Unterschlupf beispielsweise in der Nähe einer Felsformation oder an einem großen Baum aufstellen, können Sie ihn vor dem Wind schützen. Diese Eigenschaften reduzieren auch Ihre Kälteexposition und tragen dazu bei, Ihre Körperwärme aufrechtzuerhalten, was besonders wichtig ist, wenn Sie sich in einem kälteren Klima aufhalten. Natürliche Barrieren können auch einen gewissen Schutz vor Tieren bieten und das Risiko einer Begegnung mit gefährlichen Wildtieren verringern.

Achten Sie bei der Auswahl eines Unterschlupfstandorts auf die Vegetation in der Umgebung. Dichte Wälder oder dichte Büsche können eine natürliche Isolierung und Deckung bieten und helfen, Sie vor Raubtieren zu schützen.

Allerdings bringen sie auch ihre eigenen Herausforderungen mit sich. Eine dichte Vegetation kann das Erkennen potenzieller Gefahren wie Schlangen oder Insekten erschweren und die Sicht auf die Umgebung einschränken. Es ist wichtig, ein Gleichgewicht zu finden – ausreichend natürlichen Schutz, um Sie vor den Elementen und der Tierwelt zu schützen, aber nicht so sehr, dass Ihre Fähigkeit, Ihre Umgebung zu überwachen, eingeschränkt wird.

Vermeiden Sie es, Ihren Unterschlupf an Orten aufzustellen, die instabil erscheinen oder anfällig für Naturgefahren sind. Vermeiden Sie beispielsweise Bereiche am Fuße von Klippen oder unter lockeren Felsformationen, da dort die Gefahr von Erdrutschen oder Steinschlag besteht. Seien Sie auch in Bereichen vorsichtig, in denen große Bäume krank oder instabil erscheinen, da sie bei starkem Wind oder Sturm umfallen können. Abgestorbene Bäume oder Äste, oft auch „Witwenmacher" genannt, können eine ernsthafte Gefahr darstellen, daher ist es am besten, Ihren Unterschlupf in einiger Entfernung von ihnen zu errichten.

Eine weitere Überlegung ist die Ausrichtung Ihres Tierheims. Wählen Sie nach Möglichkeit einen Standort, an dem Sie auf die Öffnung Ihres Unterschlupfs nach Osten blicken können. So können Sie das erste Licht der Morgensonne einfangen, das Ihnen nach einer kalten Nacht beim Aufwärmen helfen kann. Es bietet außerdem eine frühe Sichtbarkeit, sodass Sie Ihre Umgebung bereits zu Beginn des Tages sehen können. Vermeiden Sie es andererseits, Ihren Unterschlupf direkt in den Wind oder in die Richtung eines aufziehenden Sturms aufzustellen, da dies es schwieriger machen kann, warm und trocken zu bleiben.

Während es wichtig ist, über das Gelände nachzudenken, ist es ebenso wichtig, bei der Auswahl eines Unterschlupfstandorts Ihr eigenes Energieniveau und Ihre körperlichen Fähigkeiten einzuschätzen. Um einen Unterschlupf auf einem idealen Gelände zu errichten, müssen Sie möglicherweise etwas weiter laufen oder auf eine höher gelegene Ebene klettern, aber es sollte Ihnen nicht Ihre Energie rauben. Wenn Sie erschöpft sind, ist es besser, einen anständigen Ort zu finden, der die meisten Kriterien erfüllt, als sich auf die Suche nach dem perfekten Ort zu machen. Es ist von entscheidender Bedeutung, die Energieeinsparung mit Ihren Überlebensbedürfnissen in Einklang zu bringen.

Überlegen Sie, wie sich das Gelände auf Ihre langfristigen Überlebenspläne auswirkt. Während Sie möglicherweise eine Notunterkunft einrichten, ist es wichtig, vorausschauend zu denken. Können Sie an diesem Ort Brennholz sammeln? Gibt es genügend natürliche Materialien, um Ihren Unterschlupf zu verbessern oder zu verstärken? Können Sie sich problemlos zwischen Ihrer Unterkunft und anderen wichtigen Bereichen wie Wasserquellen oder sicheren Fluchtwegen bewegen? Diese Überlegungen stellen sicher, dass Ihre Unterkunft nicht nur kurzfristig sicher ist, sondern bei Bedarf auch über einen längeren Zeitraum nachhaltig ist.

Die Wahl des richtigen Geländes für Ihr Tierheim in der Wildnis erfordert eine sorgfältige Bewertung der Umgebung. Die Priorisierung der Höhenlage, der Nähe zum Wasser und des natürlichen Schutzes trägt dazu bei, Ihre Sicherheit und Ihren Komfort zu gewährleisten. Indem Sie sich die Zeit nehmen, das Gelände zu beurteilen, verringern Sie das Risiko von Überschwemmungen, rauem Wetter und unerwünschten Begegnungen mit Wildtieren. Der richtige Standort eines Unterschlupfs kann einen erheblichen Unterschied in Ihrer Fähigkeit machen, in der Wildnis zu überleben und zu gedeihen.

Vermeidung von Umweltgefahren: Wasser, Wind und Wildtiere

Bei der Errichtung eines Schutzraums in der Wildnis ist es wichtig, Umweltgefahren zu vermeiden, um sowohl Sicherheit als auch Komfort zu gewährleisten. Drei Hauptgefahren, die es zu berücksichtigen gilt, sind Wasser, Wind und Wildtiere. Jedes stellt einzigartige Herausforderungen dar, und die Kenntnis darüber, wie man mit diesen Risiken umgeht und sie mindert, kann den Unterschied zwischen einer sicheren, funktionsfähigen Unterkunft und einer Unterkunft ausmachen, die Sie anfällig für Gefahren macht.

Wasser ist zwar überlebenswichtig, kann aber auch eine erhebliche Bedrohung darstellen, wenn man nicht sorgfältig damit umgeht. Um trocken, warm und sicher zu bleiben, ist es wichtig, wasserbedingte Gefahren bei der Wahl Ihres Unterschlupfstandorts zu vermeiden. Überschwemmungen sind die häufigste Gefahr in der Nähe von Wasserquellen wie Flüssen, Seen oder Bächen. Starker Regen kann dazu führen, dass diese Gewässer überlaufen und einen scheinbar sicheren Ort in eine gefährliche Überschwemmungszone verwandeln. Um dies zu vermeiden, bauen Sie Ihren Unterschlupf am besten mindestens 200 Fuß von Wasserquellen entfernt und auf einer Anhöhe. Dieser Abstand schützt Sie nicht nur vor plötzlichen Überschwemmungen, sondern stellt auch sicher, dass Sie nicht aufwachen und feststellen, dass Ihre Unterkunft im Wasser steht. Es verringert auch die Wahrscheinlichkeit, Insekten wie Mücken anzulocken, die sich in der Nähe von Wasser vermehren.

Eine weitere wasserbedingte Gefahr, die Sie vermeiden sollten, besteht darin, Ihren Unterschlupf in tiefer gelegenen Gebieten oder in Bodenvertiefungen aufzustellen. Diese Gebiete sehen vielleicht attraktiv aus, weil sie einen gewissen Windschutz bieten, aber sie sind auch die ersten Orte, an denen sich bei Regen Wasser ansammelt. Selbst wenn Sie weit von einem Fluss entfernt sind, kann sich Regenwasser in diesen Senken ansammeln und Ihren Unterschlupf in ein schlammiges, ungemütliches Durcheinander verwandeln. Wählen Sie einen Boden, der leicht erhöht ist und leicht abfällt, damit eventuelles Regenwasser von Ihrem Unterstand abfließt, anstatt sich um ihn herum anzusammeln.

Obwohl Wasser in gewisser Weise eine Gefahr darstellt, ist es auch eine notwendige Ressource. Stellen Sie sicher, dass Ihr Unterschlupf nicht zu weit von einer Wasserquelle entfernt ist, da Sie diese zum Trinken, Kochen und für die Hygiene benötigen. Es ist von entscheidender Bedeutung, die Nähe zum Wasser mit der Sicherheit in Einklang zu bringen, weit genug entfernt zu sein, um seinen Gefahren auszuweichen.

Wind ist eine weitere Umweltgefahr, die Ihr Schutzerlebnis entscheidend beeinflussen oder beeinträchtigen kann. Starke Winde können es nicht nur schwierig machen, warm zu bleiben, sondern auch Schäden an Ihrer Unterkunft verursachen. Kalte Winde können Ihrem Körper schnell Wärme entziehen, was in kälteren Klimazonen zu Unterkühlung führt. Um Windeinwirkungen zu vermeiden, ist es wichtig, Ihren Unterschlupf an einem Ort aufzustellen, der natürlichen Windschutz bietet, z. B. hinter großen Felsen, Bäumen oder Hügeln. Diese natürlichen Barrieren schützen Sie vor der direkten Kraft des Windes und tragen dazu bei, Ihre Körperwärme zu bewahren und Ihren Unterschlupf intakt zu halten.

Achten Sie bei der Suche nach einem Unterschlupf auf die vorherrschende Windrichtung. Idealerweise sollte der Eingang Ihres Unterstands vom Wind abgewandt sein, damit Böen nicht direkt hineinblasen. Dadurch fühlt sich Ihr Unterschlupf wärmer und komfortabler an. Wenn Ihnen kein natürlicher Windschutz zur Verfügung steht, können Sie einen erstellen, indem Sie Materialien um Sie herum, wie Äste oder eine Plane, verwenden, um eine Barriere zu bilden, die den Wind abweist.

In manchen Umgebungen kann der Wind je nach Gelände auch Sand, Staub oder Schnee transportieren. In Wüstengebieten können starke

Winde Sandstürme verursachen, die nicht nur die Sicht beeinträchtigen, sondern auch Ihre Unterkunft beschädigen und Ihre Haut und Augen reizen können. Ebenso kann der Wind in verschneiten Umgebungen Schnee in Ihre Unterkunft blasen, was es schwierig macht, trocken und warm zu bleiben. In beiden Fällen kann die Platzierung Ihres Unterschlupfs hinter einer natürlichen Barriere oder der Bau von Mauern mit verfügbaren Materialien dazu beitragen, diese Gefahren zu verringern. Vermeiden Sie es, in offenen, flachen Bereichen aufzustellen, wo der Wind ihn nicht bremsen kann.

Wildtiere stellen sowohl unmittelbare als auch langfristige Risiken dar, wenn es um den Standort von Schutzräumen geht. Während die meisten Tiere Menschen meiden, können einige Wildtiere eine Gefahr darstellen, wenn Sie unwissentlich in ihr Territorium, ihre Nahrungsquellen oder ihre Wasserversorgung eindringen. Eine der einfachsten Möglichkeiten, gefährliche Wildtiere nicht anzulocken, besteht darin, Ihren Unterschlupf nicht zu nahe am Wasser aufzustellen. Wie bereits erwähnt, nutzen viele Tiere wie Bären, Hirsche oder Großkatzen vor allem in den frühen Morgen- oder späten Abendstunden häufig Wasserquellen zum Trinken. Indem Sie einen Schutzstandort weiter entfernt von diesen Gebieten wählen, verringern Sie die Wahrscheinlichkeit, Wildtieren zu begegnen.

Es ist auch wichtig, Ihren Unterschlupf nicht in der Nähe bekannter Tierpfade oder dichtem Unterholz aufzustellen, wo sich Tiere verstecken oder nisten könnten. Normalerweise können Sie Tierspuren identifizieren, indem Sie nach Spuren, Kot oder abgenutzten Pfaden im Gras oder im Erdreich suchen. Wenn Sie Ihr Lager zu nah an diesen Wegen aufschlagen, erhöht sich die Wahrscheinlichkeit einer Begegnung. Seien Sie außerdem vorsichtig in der Nähe von Nahrungsquellen wie Beerensträuchern oder Obstbäumen, da diese Tiere wie Bären oder Waschbären anlocken können. Wenn Sie Ihr Tierheim von diesen Bereichen fernhalten, können Sie den unerwarteten Besuch eines hungrigen Tieres vermeiden.

Eine weitere Vorsichtsmaßnahme, die Sie treffen können, besteht darin, Ihre Lebensmittel und Abfälle ordnungsgemäß zu lagern. In Wildnisgebieten haben Tiere einen ausgeprägten Geruchssinn und Essensgerüche können sie auf Ihren Campingplatz locken. Um dies zu verhindern, bewahren Sie Ihre Lebensmittel in luftdichten Behältern auf oder hängen Sie sie an einen Baum, der mindestens 30 Meter von Ihrem Unterschlupf entfernt ist. Dies verringert das Risiko, dass Tiere auf der Suche nach einer Mahlzeit in Ihr Lager eindringen. Entsorgen Sie außerdem alle Lebensmittelabfälle weit entfernt von Ihrem Tierheim, um Gerüche zu minimieren.

In Gebieten, in denen sich Raubtiere wie Bären aufhalten, können Sie auch eine Barriere um Ihr Tierheim aus natürlichen Materialien errichten oder mit Gegenständen wie Metalldosen, die an einer

Schnur befestigt sind, eine Lärmschutzzone schaffen. Dies kann Sie auf die Anwesenheit von Wildtieren in der Nähe aufmerksam machen und Ihnen Zeit geben, angemessen zu reagieren.

Neben gefährlichen Tieren können auch kleinere Schädlinge wie Insekten und Nagetiere in einer Überlebenssituation lästig sein. Stellen Sie Ihren Unterschlupf nicht in der Nähe von stehendem Wasser oder feuchten Bereichen auf, da diese Mücken und andere beißende Insekten anlocken können. Wenn Sie sich in einem Gebiet befinden, in dem es Zecken oder andere schädliche Insekten gibt, wählen Sie einen Standort mit möglichst wenig hohem Gras oder Büschen. Versuchen Sie außerdem, Orte zu meiden, an denen Tierkot vorhanden ist, da dieser Nagetiere und andere Aasfresser anlocken kann, die in Ihr Tierheim eindringen könnten.

Es ist wichtig, die Tierwelt in der Gegend zu verstehen, in der Sie Ihr Lager aufschlagen. Wenn

Sie sich vor Ihrer Reise über die Tierarten informieren, die in der Region leben, können Sie wertvolle Einblicke in deren Verhalten gewinnen und potenzielle Gefahren vermeiden. Einige Tiere sind beispielsweise nachts aktiver. Daher kann die Wahl eines Standorts, der tagsüber gut sichtbar ist, Ihnen dabei helfen, Gefahren vor Einbruch der Dunkelheit zu erkennen.

Zusammenfassend lässt sich sagen, dass die Vermeidung von Umweltgefahren bei der Einrichtung Ihres Schutzraums für die Gewährleistung von Sicherheit und Komfort in der Wildnis von entscheidender Bedeutung ist. Indem Sie Ihren Standort sorgfältig auswählen, um Wasserhindernisse zu vermeiden, sich vor dem Wind zu schützen und auf die Tierwelt zu achten, erhöhen Sie Ihre Chancen, einen sicheren und effektiven Unterschlupf zu bauen. Diese Vorsichtsmaßnahmen sorgen nicht nur für Ihre Sicherheit, sondern machen Ihren Unterschlupf auch komfortabler, sodass Sie Energie sparen und sich auf andere wichtige Überlebensaufgaben konzentrieren können.

Mikroklima und ihre Auswirkungen auf Schutzstandorte verstehen

Mikroklimate sind kleine, lokale Wetterbedingungen, die erheblich vom allgemeinen Klima eines Gebiets abweichen können. Diese einzigartigen Klimazonen können an Orten wie Tälern, in der Nähe von Gewässern, in Wäldern oder sogar auf verschiedenen Seiten eines Hügels existieren. Bei der Auswahl eines Schutzstandorts in der Wildnis ist es wichtig, das Mikroklima zu verstehen, da es einen erheblichen Einfluss auf Temperatur, Wind, Luftfeuchtigkeit und andere Faktoren haben kann, die sich direkt auf Ihr Wohlbefinden und Ihr Überleben auswirken.

In vielen Fällen kann ein Mikroklima wärmer oder kälter sein als die Umgebung. Tief gelegene Gebiete wie Täler und Senken neigen beispielsweise dazu, nachts kühlere Luft anzusammeln, wodurch

Kältetaschen entstehen, in denen die Temperaturen stärker sinken können als in höheren Lagen. Dieses Phänomen tritt auf, weil kalte Luft dichter als warme Luft ist und dazu neigt, sich in tieferen Bereichen abzusetzen. Wenn Sie Ihre Unterkunft in einem Tal aufstellen, kann es nachts zu kälteren Temperaturen kommen, auch wenn der Tag warm ist. Dies kann das Risiko einer Unterkühlung erhöhen, insbesondere in Überlebenssituationen, in denen es wichtig ist, warm zu bleiben. Um dies zu vermeiden, ist es besser, Ihren Unterschlupf auf einem leicht erhöhten Boden aufzustellen, wo die Lufttemperatur nachts wahrscheinlich stabiler und wärmer ist.

Andererseits bringen höhere Lagen oft ihre eigenen Herausforderungen mit sich. Während Sie die kalten Täler möglicherweise meiden, sind exponierte Bergrücken und Hügelkuppen tendenziell stärkeren Winden ausgesetzt. Wind kann die Körpertemperatur durch einen Prozess namens „Windchill" schnell senken, bei dem der kühlende

Effekt des Windes dazu führt, dass es sich viel kälter anfühlt als die tatsächliche Temperatur. Wenn sich Ihr Unterschlupf in einer windigen Gegend befindet, kann es schwierig sein, warm zu bleiben, und Ihr Unterschlupf könnte sogar durch starke Böen beschädigt werden. In diesen Fällen ist die Wahl eines Standorts mit natürlichen Windschutzvorrichtungen wie großen Felsen, Bäumen oder Hängen unerlässlich, um die Auswirkungen des Windes zu reduzieren.

Ein weiterer wichtiger Aspekt des Mikroklimas ist die Wirkung der Vegetation. Dichte Wälder schaffen ihr eigenes Mikroklima und bieten tagsüber mehr Schatten und kühlere Temperaturen als offene Gebiete. Dies kann in heißen Klimazonen von Vorteil sein, in denen die Vermeidung direkter Sonneneinstrahlung unerlässlich ist, um Dehydrierung und Hitzschlag zu verhindern. Allerdings können bewaldete Gebiete auch Feuchtigkeit speichern, wodurch es nachts kühler und feuchter wird, was zu Unbehagen führen kann, wenn Ihr Unterschlupf nicht richtig isoliert ist. Darüber hinaus kann nasser Boden das Risiko erhöhen, Insekten, Schimmel und Kälte ausgesetzt zu sein. Bei der Auswahl eines Unterschlupfstandorts im Wald ist es wichtig, ein Gleichgewicht zwischen kühlem Aufenthalt am Tag und trockenem und warmem Aufenthalt in der Nacht zu finden. Suchen Sie nach leicht erhöhten Stellen, die eine Entwässerung ermöglichen und gleichzeitig vom Schatten und Windschutz des Waldes profitieren.

Auch die Nähe zum Wasser kann ein einzigartiges Mikroklima schaffen. Gebiete in der Nähe von Flüssen, Seen oder Ozeanen sind tendenziell feuchter, was sowohl positive als auch negative Auswirkungen haben kann. Eine höhere Luftfeuchtigkeit kann dazu führen, dass sich die Temperaturen in kalten Umgebungen wärmer anfühlen, da feuchte Luft die Wärme besser speichert als trockene Luft. In heißen Umgebungen kann die Luftfeuchtigkeit jedoch dazu führen, dass es sich viel heißer anfühlt, da der Schweiß nicht so schnell verdunstet und die Fähigkeit des Körpers, sich abzukühlen, verringert wird. Darüber hinaus können Gewässer die Wahrscheinlichkeit erhöhen, dass es zu Nebel oder Dunst kommt, wodurch die Umgebung feucht und ungemütlich werden kann. Die Nähe zum Wasser lockt zudem mehr Insekten an, was in Überlebenssituationen lästig oder sogar gesundheitsgefährdend sein kann. Berücksichtigen Sie bei der Auswahl eines Unterschlupfs in der Nähe von Gewässern diese Faktoren und stellen Sie sicher, dass Sie sich nicht zu nahe aufhalten, um die negativen Auswirkungen von Feuchtigkeit und Nässe zu vermeiden.

Auch die Ausrichtung des Landes kann Mikroklimate schaffen, insbesondere in Gebieten mit Hügeln oder Bergen. Die der Sonne zugewandte Seite eines Hügels (in der nördlichen Hemisphäre oft als „sonnenzugewandte" oder „südliche" Seite bezeichnet) ist tagsüber normalerweise wärmer, da sie mehr direktes Sonnenlicht erhält. Dies kann in kälteren Klimazonen von Vorteil sein, wenn Sie die Wärme tagsüber maximieren möchten. Es kann jedoch auch schwieriger sein, in heißeren Umgebungen kühl zu bleiben. Umgekehrt bleibt die Seite eines Hügels, die vor der Sonne geschützt ist, kühler und kann bei starker Hitze Abhilfe schaffen. Diese Seite wird oft als „schattige" oder „nördliche" Seite bezeichnet. Der Trick besteht darin, je nach Temperaturbedingungen die richtige Seite des Hügels zu wählen. Suchen Sie bei kaltem Wetter sonnige Plätze auf, während Sie bei heißem Wetter schattige Plätze suchen, um eine Überhitzung zu vermeiden.

Ein weiterer Aspekt des Mikroklimas ist das Vorhandensein von Wasserdampf oder Tau. In bestimmten Gebieten, insbesondere in der Nähe von Wasserquellen oder in tief gelegenen Tälern, kann die Ansammlung von Feuchtigkeit in der Luft über Nacht zu starker Taubildung führen. Dieser Tau kann alles feucht machen, was unangenehm sein kann und es schwieriger macht, warm zu bleiben.

Wenn Sie Ihren Unterschlupf an einem taugefährdeten Ort aufstellen, ist es wichtig, für eine gewisse Abdichtung zu sorgen, entweder durch eine Plane oder durch natürliche Materialien, die Sie vor Feuchtigkeit schützen können.

Windmuster sind ein weiterer wichtiger Faktor im Mikroklima. In Küstengebieten entsteht beispielsweise eine Meeresbrise, wenn kühle Luft über dem Wasser ins Landesinnere strömt und die aufsteigende warme Luft über dem Land ersetzt. Diese Winde können tagsüber eine Erleichterung sein, können aber nachts kühl werden. Das Verständnis dieser lokalen Windmuster kann Ihnen helfen, Ihren Unterschlupf so zu positionieren, dass er bei heißem Wetter von kühlenden Brisen profitiert oder sich bei sinkenden Temperaturen vor kalten Winden schützt.

In Wüstenumgebungen spielen Mikroklimata eine noch größere Rolle. In Wüsten gibt es oft extreme Temperaturschwankungen zwischen Tag und Nacht, wobei es tagsüber sengend heiß und nachts eiskalt sein kann. An solchen Orten kann ein Unterschlupf in der Nähe von Felsen oder Schluchten während der heißesten Zeit des Tages wertvollen Schatten spenden, während dieselben Felsen nachts möglicherweise einen Teil der Wärme abstrahlen, die sie tagsüber aufgenommen haben, und so für Wärme sorgen.

Mikroklima kann sich auch auf die Verfügbarkeit von Ressourcen wie Nahrungsmitteln und Brennholz auswirken. Gebiete, die kühler und feuchter sind, begünstigen tendenziell mehr Pflanzenwachstum, das Material für den Bau von Unterkünften, Brennstoff für Feuer und möglicherweise essbare Pflanzen liefern kann. Umgekehrt können trockenere, exponiertere Gebiete unfruchtbarer sein, was Ihren Zugang zu diesen wichtigen Ressourcen einschränkt. Denken Sie bei der Auswahl eines Unterschlupfstandorts darüber nach, welche Ressourcen in der Gegend verfügbar sind und wie sich das Mikroklima auf deren Fülle auswirkt.

Wettermuster und ihre Wechselwirkung mit dem Mikroklima müssen unbedingt berücksichtigt werden. Beispielsweise können Sturmsysteme eine Seite eines Gebirges stärker beeinträchtigen als die andere. Dieses als „Regenschatteneffekt" bekannte Phänomen tritt auf, wenn feuchte Luft aus dem Ozean aufsteigt und abkühlt, während sie einen Berg hinaufsteigt. Durch die Abkühlung fällt Regen auf die Luvseite des Berges, sodass die Leeseite trocken bleibt. Das Verständnis dieser lokalen Wetterverhältnisse kann Ihnen dabei helfen, einen Unterschlupfstandort zu wählen, der bei Regenfällen trocken bleibt, oder Gebiete zu meiden, die anfällig für Überschwemmungen oder Schlammlawinen sind.

Das Verständnis des Mikroklimas und seiner Auswirkungen auf Schutzgebiete ist überlebenswichtig. Indem Sie auf

Temperaturschwankungen, Windmuster, Luftfeuchtigkeit und Ressourcenverfügbarkeit in Ihrer unmittelbaren Umgebung achten, können Sie einen Unterschlupfstandort auswählen, der sowohl Komfort als auch Sicherheit bietet. Dieses Wissen ermöglicht es Ihnen, fundierte Entscheidungen zu treffen, Umweltgefahren zu vermeiden und die Vorteile des lokalen Klimas zu maximieren und gleichzeitig seine Risiken zu minimieren.

KAPITEL 3

Techniken zum Bau von Unterkünften für verschiedene Umgebungen

Trümmerhütten und Unterstände: Schnelle Bauten in Waldgebieten

Der Bau von Unterständen ist eine der wichtigsten Überlebensfähigkeiten, und in waldreichen Umgebungen sind Schutthütten und Unterstände zwei der effektivsten und am einfachsten zu bauenden Optionen. Diese Unterstände nutzen die im Wald verfügbaren natürlichen Materialien wie Äste, Blätter und Schutt, um sichere und isolierte Strukturen zu schaffen. Beide bieten Schutz vor den Elementen, und wenn man lernt, wie man sie schnell und effizient baut, kann dies in einer Überlebenssituation den entscheidenden

Unterschied machen. Hier finden Sie eine detaillierte Anleitung zum Bau der einzelnen Arten von Unterkünften.

Die Schutthütte ist einer der einfachsten Unterstände, die man in einem Waldgebiet errichten kann. Es verwendet Stöcke, Blätter und andere natürliche Abfälle, um eine isolierte, wetterbeständige Struktur zu schaffen, die Sie warm hält, indem sie die Körperwärme speichert. Die Schutthütte funktioniert gut bei kalten Bedingungen, besonders wenn die Zeit drängt und Sie eine schnelle Lösung benötigen.

Um mit dem Bau einer Schutthütte zu beginnen, müssen Sie zunächst einen stabilen Firstpfahl finden. Der Firstpfahl ist das Rückgrat des Unterstandes. Es sollte ein stabiler, langer Ast sein, der höher ist als Sie und stark genug ist, um das Gewicht der restlichen Struktur zu tragen. Sobald Sie die Firststange haben, suchen Sie nach zwei gegabelten Stöcken oder Zweigen, die jeweils etwa hüfthoch sind. Diese dienen als Stützen für die Firststange.

Schlagen Sie die beiden gegabelten Stöcke etwa 1,80 m voneinander entfernt in den Boden und achten Sie darauf, dass sie stabil sind. Stecken Sie ein Ende der Firststange in die Gabeln der Stöcke und neigen Sie das andere Ende nach unten, bis es den Boden berührt. Dadurch entsteht der schräge Rahmen für Ihren Unterstand. Die Firststange sollte sicher positioniert sein, damit sie sich nicht bewegt oder zusammenbricht.

Als nächstes sammeln Sie stabile Stöcke, um die Rippen Ihres Unterschlupfs zu formen. Diese Stöcke sollten etwa die Länge Ihres Arms haben. Lehnen Sie sie auf beiden Seiten gegen die Firststange und halten Sie dabei einen Abstand von einigen Zentimetern ein. Die Rippen bilden den Grundrahmen des Unterstands. Stellen Sie daher sicher, dass sie stabil sind und nicht unter dem Gewicht der Trümmer, die Sie später hinzufügen, zusammenbrechen. Sobald die Rippen angebracht sind, sollte es wie ein kleiner, schräger Tunnel aussehen.

Jetzt kommt der entscheidende Schritt: die Isolierung. In Waldgebieten gibt es auf dem Waldboden normalerweise eine Fülle von Blättern, Kiefernnadeln und Gras. Sie möchten so viel wie möglich von diesem natürlichen Abfall auf die Rippen häufen. Diese Schicht sollte dick sein und mindestens 60 cm tief sein. Der Schmutz schließt Luft ein und sorgt für eine Isolierung, die dafür sorgt, dass Sie im Unterstand warm bleiben. Je dicker die Isolierung, desto besser schützt sie Sie vor Kälte und Wind.

Achten Sie beim Anhäufen von Trümmern auf die Struktur besonders auf die Luvseite des Schutzraums, wo der Wind am stärksten ist. Eine dickere Schicht auf dieser Seite verhindert das Eindringen kalter Zugluft. Sie können auch mehr Schmutz an den Unterkanten des Unterstands anhäufen, um zu verhindern, dass der Wind darunter eindringt.

Lassen Sie für den Eingang der Schutthütte ein kleines Loch frei, das gerade groß genug ist, dass Sie hineinkriechen können. Sie können eine Tür hinzufügen, indem Sie mehr Schmutz vor der Öffnung stapeln, sobald Sie drinnen sind, was hilft, die Wärme zu speichern. Im Inneren der Hütte sollten Sie auch weichen Abfall wie trockene Blätter oder Gras als Einstreu anbringen. Dadurch werden Sie vom kalten Boden abgehoben und eine weitere Isolierschicht hinzugefügt.

Der Unterstand ist eine weitere wirksame Unterstandsmöglichkeit, insbesondere wenn Sie etwas benötigen, das in einem Waldgebiet schnell aufgebaut werden kann. Es ist einfach zu bauen und bietet Schutz vor Regen und Wind, ist aber nicht so isoliert wie eine Schutthütte. Der Unterstand ist ideal bei milden Wetterbedingungen oder wenn Sie eine schnelle Lösung benötigen, um trocken zu bleiben.

Suchen Sie zunächst nach einem großen, stabilen Baum, der als Hauptstütze für Ihren Anbau dient. Der Baum sollte stabil genug sein, um das Gewicht des Daches des Tierheims zu tragen. Wenn Sie einen guten Baum gefunden haben, wählen Sie einen langen, starken Ast aus, der als Dachstütze dient. Dieser Ast sollte etwa 6 bis 8 Fuß lang sein, je nachdem, wie groß der Unterstand sein soll. Es sollte stabil genug sein, um das Gewicht zusätzlicher Äste und Ablagerungen zu tragen.

Legen Sie ein Ende des Astes etwa hüfthoch gegen den Baum und neigen Sie das andere Ende zum Boden. Dadurch entsteht das schräge Dach des Anbaus. Stellen Sie sicher, dass der Ast sicher und stabil am Baum anliegt, bevor Sie fortfahren.

Als nächstes sammeln Sie gerade Zweige, die etwa die Länge Ihres Arms haben. Diese dienen als

Rippen für das Dach des Tierheims. Lehnen Sie diese Äste gegen den Hauptstützast und achten Sie dabei auf einen gleichmäßigen Abstand, um den Rahmen des Daches zu bilden. Die Rippen sollten nach unten geneigt sein und eine geneigte Oberfläche bilden, über die Regen abfließen kann.

Sobald der Rahmen angebracht ist, müssen Sie Stroh hinzufügen, um ein Dach zu schaffen. In einem Waldgebiet können Sie große Blätter, Kiefernzweige, Rinde oder sogar Moosstücke zum Reetdach verwenden. Beginnen Sie am Boden des Unterstands und schichten Sie das Strohmaterial über die Rippen und arbeiten Sie sich nach oben vor. Die Schichten sollten sich schindelartig überlappen, um ein Durchsickern von Regen zu verhindern.

Für zusätzlichen Schutz vor Regen können Sie zusätzlichen Schmutz auf das Dach häufen, um eine dickere Barriere zu schaffen. Achten Sie beim Aufbringen von Schutt genau wie bei der

Schutthütte auf die Windrichtung. Je dicker die Schicht auf der Luvseite ist, desto besser schützt Sie der Unterstand vor Witterungseinflüssen.

Um Ihren Unterstand komfortabler zu gestalten, können Sie vor der Öffnung einen Feuerreflektor anbringen. Dies geschieht durch das Stapeln von Steinen oder Baumstämmen, um eine Wand zu schaffen, die die Hitze eines Feuers zurück zu Ihrem Unterschlupf reflektiert. Die Hitze hält Sie warm, auch wenn der Unterstand selbst nicht so isoliert ist wie eine Schutthütte. Stellen Sie sicher, dass das Feuer weit genug vom Unterstand entfernt ist, um eine Ausbreitung des Feuers zu vermeiden.

Sowohl die Schutthütte als auch der Unterstand sind wirksame Überlebensunterkünfte in Waldgebieten. Die Schutthütte eignet sich hervorragend für kältere Umgebungen, in denen die Isolierung entscheidend ist, während die Unterstandhütte besser für mildere Bedingungen geeignet ist oder wenn Sie eine schnelle Lösung benötigen, um trocken zu bleiben.

In beiden Fällen können Sie durch die Verwendung natürlicher Materialien aus Ihrer Umgebung einen Unterschlupf bauen, der sich in die Umgebung einfügt und gleichzeitig wesentlichen Schutz vor Witterungseinflüssen bietet.

Wenn Sie diese grundlegenden Techniken zum Bau von Unterkünften verstehen, sind Sie besser für das Überleben in der Wildnis gerüstet. Ganz gleich, ob Sie Schutz vor Kälte oder Regen suchen, diese Unterstände bieten einfache, aber effektive Möglichkeiten, sich in der Natur sicher und wohl zu fühlen.

A-Frame-Überdachungen und Planenlösungen: Minimalistische Optionen

Wenn es um das Überleben in der Wildnis geht, ist ein zuverlässiger und einfacher Unterschlupf von entscheidender Bedeutung. Zwei minimalistische Optionen, die einfach zu bauen sind und nur wenige

Werkzeuge erfordern, sind A-Frame-Unterstände und Planenunterstände. Beide Optionen eignen sich hervorragend, wenn Sie etwas Schnelles, Effektives und Vielseitiges benötigen, insbesondere wenn die Ressourcen oder die Zeit begrenzt sind. Sie bieten Schutz vor den Elementen und ermöglichen es Ihnen gleichzeitig, Ihre Energie für andere Überlebensaufgaben zu maximieren.

Ein A-Frame-Unterstand ist eine der einfachsten und effektivsten Arten von Unterständen, die Sie in der Wildnis bauen können. Es wird A-Rahmen genannt, weil die Struktur von vorne betrachtet dem Buchstaben „A" ähnelt. Dieser Unterstand ist äußerst vielseitig und bietet bei richtiger Konstruktion Schutz vor Regen, Wind und sogar vor Kälte.

Um einen A-Frame-Unterstand zu bauen, müssen Sie zunächst eine Firststange finden. Der Firstpfahl ist ein langer, stabiler Ast oder Pfahl, der als Rückgrat Ihres Unterstandes dient. Idealerweise sollte die Firststange etwas größer als Sie selbst und lang genug sein, um Ihren gesamten Körper im Liegen aufzunehmen. Sie können auch ein zwischen zwei Bäumen festgebundenes Seil als Firststange verwenden, wenn kein geeigneter Ast zur Verfügung steht.

Sobald Sie Ihre Firststange haben, müssen Sie zwei gegabelte Äste finden, die als Stützen dienen. Diese sollten hoch genug sein, um die Firststange in einer angenehmen Höhe über dem Boden zu halten, normalerweise etwa in Hüfthöhe. Schlagen Sie diese gegabelten Äste in den Boden, sodass sie eine stabile Basis bilden. Platzieren Sie ein Ende der Firststange in den Astgabeln, das andere Ende ruht auf dem Boden. Dadurch entsteht die Grundstruktur Ihres A-Rahmens.

Nachdem der Rahmen nun angebracht ist, müssen Sie gerade Stöcke oder Äste zusammensammeln, um die Wände des Unterstands zu formen. Diese Äste sollten etwa die Länge Ihres Arms haben und dick genug sein, um Halt zu bieten. Lehnen Sie sie auf beiden Seiten an die Firststange, sodass eine geneigte „A"-Form entsteht. Stellen Sie sicher, dass die Äste dicht beieinander liegen, um Wind und Regen abzuwehren.

Nachdem Sie den Rahmen gebaut haben, sollten Sie eine Schicht Isoliermaterial an der Außenseite des Unterstands anbringen. Dies können Blätter, Gras, Kiefernzweige oder andere natürliche Abfälle sein, die Sie finden können. Ziel ist es, eine dicke, wetterfeste Schicht zu schaffen, die Sie im Unterstand trocken und warm hält. Stapeln Sie dieses Material auf beiden Seiten des A-Rahmens und achten Sie darauf, dass der Unterstand vollständig abgedeckt ist. Je dicker die Schicht, desto besser isoliert sie Sie vor Witterungseinflüssen.

Für den Eingang können Sie ein Ende des A-Rahmens offen lassen oder ihn teilweise mit zusätzlichem Schmutz blockieren, um Zugluft zu minimieren. Im Unterstand können Sie auch ein Bett aus weichem Geröll anlegen, das Sie vom kalten Boden abhebt und für zusätzliche Isolierung sorgt.

Der A-Frame-Unterstand ist eine großartige Option, da er schnell zu bauen ist, guten Schutz bietet und nur minimale Werkzeuge und Materialien erfordert. Es kann an unterschiedliche Klimazonen angepasst werden, indem die Dicke der Isolierschicht angepasst oder die Seiten stärker abgedeckt werden.

Eine weitere minimalistische Option ist der Planenunterstand, der äußerst vielseitig und noch einfacher aufzubauen ist als ein A-Rahmen. Alles, was Sie brauchen, ist eine Plane (oder sogar ein großes Stück Plastik, Poncho oder ein anderes wasserdichtes Material) und etwas Seil oder Paracord. Planen sind leicht, kompakt und können zusammengeklappt werden, sodass sie in jeden Rucksack passen. Dies macht sie zu einem idealen Unterschlupf sowohl für geplante

Outdoor-Aktivitäten als auch für Überlebensnotfälle.

Die gebräuchlichste und effektivste Planenunterstandskonfiguration ist der Planenunterstand mit A-Rahmen. Um dies einzurichten, suchen Sie zunächst zwei Bäume, die etwa 8 bis 10 Fuß voneinander entfernt sind. Binden Sie ein Ende Ihres Seils etwa hüfthoch um einen Baum, spannen Sie es dann zum anderen Baum und binden Sie es fest. Dadurch entsteht die zentrale Firstlinie für Ihren Planenschutz.

Sobald die Firstlinie eingerichtet ist, drapieren Sie Ihre Plane über das Seil, sodass ein schräges Dach entsteht. Sie sollten die Plane so positionieren, dass sie gleichmäßig auf beiden Seiten der Firstlinie verteilt ist. Wenn das Wetter besonders windig oder regnerisch ist, können Sie die Seiten der Plane steiler neigen, um einen besseren Schutz zu erzielen. Befestigen Sie die Ecken der Plane mit Pfählen, Steinen oder sogar Stöcken am Boden. Je fester die Plane gespannt ist, desto stabiler und wetterbeständiger wird Ihr Unterstand.

Bei kaltem oder nassem Wetter können Sie den Aufbau anpassen, indem Sie die Firstlinie näher an den Boden absenken. Dadurch wird die Menge an Wind und Regen, die in den Unterstand gelangen kann, reduziert. Wenn Sie sich hingegen in einer heißen oder trockenen Umgebung befinden, können Sie die Firstlinie anheben, um eine bessere Luftzirkulation zu erzeugen und den Unterstand kühl zu halten.

Eine weitere beliebte Planenunterstandskonfiguration ist der angebaute Planenunterstand. Für diesen Aufbau müssen Sie nur eine Kante der Plane an den Bäumen oder einer zentralen Firstlinie befestigen. Die andere Kante der Plane wird direkt in den Boden gesteckt, wodurch ein geneigtes Dach entsteht, das Schutz vor Wind und Regen bietet und gleichzeitig eine Seite offen hält. Die offene Seite des Unterstands kann vom

Wind abgewandt sein, was eine bessere Luftzirkulation ermöglicht und Sie trotzdem trocken hält.

Wenn Sie keine Bäume oder Stützen zur Verfügung haben, können Sie mit Stöcken oder Trekkingstöcken trotzdem einen Planenschutz errichten. Positionieren Sie die Stangen einfach auf der gewünschten Höhe für Ihren Unterschlupf, befestigen Sie die Plane oben an den Stangen und befestigen Sie die Kanten. Dadurch entsteht ein freistehender Planenschutz, der sich gut für offenere Umgebungen wie Felder oder Strände eignet.

Einer der größten Vorteile von Planenunterständen ist ihre Flexibilität. Sie können die Größe, Form und Positionierung der Plane an Ihre Umgebung und Wetterbedingungen anpassen. Sie können je nach Bedarf sogar mehrere Konfigurationen erstellen. Wenn Sie beispielsweise bei einem kurzen Regenguss schnell einen Regenschutz benötigen, können Sie eine einfache Überkopfplane mit nur zwei Stützpunkten aufstellen. Wenn Sie während einer Übernachtung vollständigen Schutz vor Wind und Regen benötigen, können Sie eine geschlossenere Struktur errichten.

Planen können auch als Ergänzung zu anderen Unterständen verwendet werden. Sie können beispielsweise eine Plane über einen A-Rahmen-Unterstand drapieren, um eine zusätzliche Abdichtungsschicht hinzuzufügen. Oder Sie nutzen eine Plane als Bodenbedeckung, um sich vor Feuchtigkeit auf dem Waldboden zu schützen.

In jeder Überlebenssituation kann eine minimalistische Schutzmöglichkeit wie ein A-Rahmen oder eine Plane lebensrettend sein. Diese Unterstände erfordern nur wenige Werkzeuge und können schnell mit Materialien gebaut werden, die leicht verfügbar oder leicht zu transportieren sind. Der A-Rahmen bietet hervorragenden Schutz durch natürliche Materialien, während die Plane ultimative Flexibilität und Wetterfestigkeit bietet.

Bei beiden Unterkünften handelt es sich um effektive, einfache und unverzichtbare Überlebensfähigkeiten, die jeder erlernen sollte.

Schneehöhlen und Wüstenunterkünfte: Spezialisiertes Überleben in Extremen

Wenn Sie in extremen Umgebungen wie verschneiten Regionen oder Wüsten überleben, ist der Bau der richtigen Unterkunft von entscheidender Bedeutung, um sich vor rauen Wetterbedingungen zu schützen. Schneehöhlen und Wüstenunterkünfte sind spezielle Techniken, die Ihnen dabei helfen sollen, diesen Extremen standzuhalten, indem sie Isolierung und Schutz bieten. Jede Umgebung birgt einzigartige Herausforderungen. Daher kann es über Leben und Tod entscheiden, zu wissen, wie man geeignete Unterkünfte baut.

In kalten, verschneiten Umgebungen ist es Ihre oberste Priorität, warm zu bleiben. Die Lufttemperatur kann gefährlich tief sinken und der Schnee selbst kann sowohl als Hindernis als auch als Überlebensressource dienen. Schneehöhlen sind unter solchen Bedingungen eine ausgezeichnete Schutzmöglichkeit, da Schnee ein natürlicher Isolator ist. Bei richtiger Bauweise kann eine Schneehöhle die Körperwärme speichern und Sie vor dem eisigen Wind schützen.

Der erste Schritt beim Bau einer Schneehöhle ist die Wahl des richtigen Standortes. Sie möchten eine tiefe Schneeverwehung oder einen Bereich finden, in dem der Schnee so verdichtet ist, dass er stabil ist, sich aber dennoch leicht durchgraben lässt. Vermeiden Sie Gebiete in der Nähe von Lawinengebieten oder zu lockerem Schnee, da diese leicht einstürzen könnten. Ein Hang oder ein geschützter Bereich mit natürlichem Windschutz kann zusätzlichen Schutz bieten.

Wenn Sie einen geeigneten Standort gefunden haben, graben Sie zunächst einen Graben in den Schnee. Dieser Graben dient als Eingang zu Ihrer Schneehöhle. Es sollte tief genug sein, dass Sie beginnen können, horizontal in die Schneebank zu graben, um die Hauptkammer der Höhle zu schaffen. Der Eingang sollte leicht nach oben geneigt sein, um eine Kaltluftsenke zu schaffen. Dadurch kann sich kältere Luft unten absetzen, während die wärmere Luft in der Nähe der Decke bleibt, wo Sie sich aufhalten.

Versuchen Sie beim Ausheben der Hauptkammer, die Decke abgerundet zu halten, wie das Innere eines Iglus. Diese Kuppelform trägt dazu bei, das Gewicht des Schnees gleichmäßig zu verteilen und verringert so die Gefahr eines Einsturzes. Die Wände und die Decke sollten mindestens 30 cm dick sein, um eine ausreichende Isolierung und strukturelle Stabilität zu gewährleisten. Sie können die Festigkeit Ihrer Höhle testen, indem Sie leicht auf die Wände und die Decke drücken. Wenn sich der Schnee locker oder bröckelig anfühlt, müssen Sie ihn möglicherweise zusammenpacken, um ihn stabiler zu machen.

Bauen Sie in der Höhle eine erhöhte Schlafplattform aus. Die Plattform sollte höher als der Eingang sein, um sicherzustellen, dass die kalte Luft unter Ihnen bleibt. Decken Sie die Plattform nach Möglichkeit mit einer Schicht isolierender Materialien wie Tannenzweigen, Blättern oder sogar zusätzlicher Kleidung ab. Dies schützt Sie vor kaltem Schnee und speichert die Körperwärme.

Die Belüftung ist ein weiterer entscheidender Aspekt für das Überleben in Schneehöhlen. Ohne ausreichende Luftzirkulation kann die Höhle Feuchtigkeit und Kohlendioxid einschließen, was zum Ersticken führen kann. Um dies zu verhindern, stechen Sie mit einem Stock oder Skistock ein kleines Loch in die Decke, damit frische Luft zirkulieren kann. Behalten Sie die Lüftungsöffnung im Auge, da diese durch Kondensation oder fallenden Schnee verstopfen kann. Daher ist es wichtig, sie regelmäßig zu überprüfen und zu reinigen.

Obwohl eine Schneehöhle eine hervorragende Isolierung bietet, müssen Sie dennoch Maßnahmen ergreifen, um einer Unterkühlung vorzubeugen. Tragen Sie mehrere Schichten Kleidung und versuchen Sie, so trocken wie möglich zu bleiben. Wenn Sie beim Graben zu schwitzen beginnen, halten Sie an und entfernen Sie eine Schicht, um ein Durchnässen Ihrer Kleidung zu vermeiden. Nasse Kleidung verliert ihre isolierenden Eigenschaften und lässt Sie kälter werden.

Im Gegensatz dazu stellen Wüstenumgebungen ganz andere Überlebensherausforderungen dar. Hier erfordern die extreme Hitze am Tag und die schnelle Abkühlung in der Nacht, dass Sie einen Unterschlupf finden, der Sie sowohl vor Sonneneinstrahlung als auch vor kalten Wüstennächten schützt. Wüstenunterstände sollen

Schatten spenden, die Sonneneinstrahlung reduzieren und vor Temperaturschwankungen schützen, die in trockenen Regionen auftreten können.

Wenn Sie einen Unterschlupf in der Wüste bauen, besteht Ihre erste Priorität darin, Schatten zu finden oder ihn selbst zu schaffen. Natürliche Gegebenheiten wie **Felsüberhänge, Klippen oder große Felsbrocken** können Abhilfe bei der intensiven Sonne bieten. Wenn kein natürlicher Schatten verfügbar ist, können Sie Kleidung, Planen oder andere verfügbare Materialien verwenden, um eine provisorische Schattenstruktur zu schaffen. Spannen Sie das Material zwischen Stangen oder Stöcken, um eine Überdachung zu schaffen, und stellen Sie sicher, dass darunter Platz für die Luftzirkulation ist. Dies sorgt für Kühlung und verhindert einen Hitzestau im Inneren des Unterstands.

Bei der Gestaltung Ihrer Wüstenunterkunft sollte der Schwerpunkt auf der Maximierung der Belüftung liegen. Im Gegensatz zu kalten Umgebungen, in denen Sie die Wärme speichern möchten, besteht Ihr Ziel in der Wüste darin, kühl zu bleiben. Eine einfache, angebaute Struktur, deren eine Seite zur Brise hin offen ist, kann die Luftzirkulation ermöglichen und gleichzeitig Schatten spenden. Das Dach des Unterstandes sollte hoch genug sein, um heiße Luft entweichen zu lassen, aber niedrig genug, um ausreichend Schatten zu spenden.

Eine weitere Option für einen Unterschlupf in der Wüste ist der Unterstand. In Bereichen, in denen der Boden weich genug zum Graben ist, können Sie einen flachen Graben oder eine Grube zum Liegen ausheben. Decken Sie die Oberseite des Grabens mit Ästen, Gras oder einer Plane ab und schaffen Sie so einen schattigen Bereich, während der Boden selbst zur Kühlung Ihres Körpers beiträgt . Die Erde speichert niedrigere Temperaturen als die Luft und ist somit ein wirksamer Isolator gegen die Hitze. Seien Sie vorsichtig vor Skorpionen, Schlangen und anderen Wildtieren in der Wüste, die ebenfalls in diesen Unterständen Schatten suchen könnten.

Sowohl in Schneehöhlen als auch in Wüstenunterkünften ist die Flüssigkeitszufuhr ein entscheidender Faktor für das Überleben. In verschneiten Umgebungen kann das Schmelzen von Schnee zur Gewinnung von Wasser eine Herausforderung sein, und Sie müssen darauf achten, den Schnee nicht direkt zu fressen, da dies Ihre Kerntemperatur senken kann. Sammeln Sie stattdessen Schnee in einem Behälter und lassen Sie ihn auf natürliche Weise schmelzen, bevor Sie ihn trinken. In der Wüste ist Wasser knapp und es ist wichtig, das vorhandene Wasser zu schonen. Versuchen Sie, sich während der heißesten Zeit des Tages auszuruhen, um Schwitzen und Wasserverlust zu minimieren.

Wüstenunterkünfte müssen auch mit kühlenden Temperaturen in der Nacht rechnen. Während die Hitze am Tag glühend heiß sein kann, kann es in der Wüste nachts überraschend kalt werden. Um sich darauf vorzubereiten, bewahren Sie eine zusätzliche Schicht Kleidung oder Isolierung in Ihrer Unterkunft auf. Derselbe Schutz, der Sie tagsüber vor der Sonne schützt, kann auch nachts zum Wärmespeichern genutzt werden.

In beiden Umgebungen bestimmen die Materialien, die Ihnen zur Verfügung stehen, die Art der Unterkunft, die Sie bauen können. Während natürliche Materialien wie Schnee, Steine oder Äste die Grundlage für Ihren Unterstand bilden können, kann der Zugriff auf Werkzeuge wie eine Schaufel, ein Messer oder eine Plane die Qualität und Geschwindigkeit des Baus Ihres Unterstands erheblich verbessern.

Das Verständnis der einzigartigen Herausforderungen extremer Umgebungen wie schneebedeckter Berge oder trockener Wüsten ist überlebenswichtig. Der Bau des richtigen Unterschlupfs, sei es eine Schneehöhle oder ein Unterschlupf in der Wüste, kann Sie vor den Gefahren von Kälte oder Hitze schützen und Ihre Sicherheit gewährleisten, während Sie sich auf die Suche nach Nahrung, Wasser oder Rettung konzentrieren. Wenn Sie wissen, wie Sie Ihre Techniken zum Bau von Unterkünften an die Umgebung anpassen, können Sie selbst unter extremsten Bedingungen überleben.

KAPITEL 4

Beherrschung des Feuerhandwerks zum Wärmen und Kochen

Grundlagen des Feuerbaus: Die Arten von Feuer und ihre Verwendung

In einer Überlebenssituation ist Feuer eines der wichtigsten Werkzeuge. Es sorgt für Wärme, kocht Essen, reinigt Wasser und steigert sogar die Moral. Allerdings dienen verschiedene Arten von Bränden je nach Bedingungen und Bedürfnissen unterschiedlichen Zwecken. Zu verstehen, wie man diese verschiedenen Feuerarten entfacht, kann einen erheblichen Unterschied in Ihrer Überlebensfähigkeit machen. Zu den häufigsten Feuerarten gehören Tipi-Feuer, Unterstandfeuer und

Blockhausfeuer, jede mit ihren eigenen Vorteilen und Einsatzmöglichkeiten.

Das Tipi-Feuer ist vielleicht die bekannteste und einfachste Feuerkonstruktion. Seinen Namen verdankt es der kegelförmigen Anordnung des Holzes, die an ein Tipi erinnert. Diese Art von Feuer ist ideal für den allgemeinen Gebrauch, z. B. zum Kochen, Kochen von Wasser und zum Bereitstellen von Wärme. Um ein Tipi-Feuer zu machen, legen Sie zunächst einen kleinen Haufen Zunder in die Mitte, Materialien wie trockene Blätter, Gras oder kleine Zweige, die schnell Feuer fangen. Ordnen Sie rund um diesen Zunder Anzündholz (etwas größere Stäbchen) kegelförmig an und lassen Sie dabei genügend Platz für die Luftzirkulation. Das Design des Tipi-Feuers ermöglicht eine hervorragende Luftzirkulation, die dazu beiträgt, dass das Feuer gleichmäßig und mit einer guten Flamme brennt.

Sobald das Anzündholz Feuer fängt, können Sie nach und nach größere Holzstücke hinzufügen, um das Feuer am Laufen zu halten. Einer der Vorteile des Tipi-Feuers besteht darin, dass es heiß und schnell brennt und sich daher perfekt zum Kochen von Speisen oder zum schnellen Aufwärmen bei kaltem Wetter eignet. Das Tipi-Feuer muss jedoch ständig mit Holz versorgt werden, um seine Intensität aufrechtzuerhalten. Daher ist es möglicherweise nicht die beste Option für Situationen, in denen ein Feuer ohne viel Wartung lange halten soll. Die Struktur des Tipis fördert außerdem das Brennen des Feuers von innen nach außen, was bedeutet, dass es beim Verbrennen des Holzes zusammenbricht und Sie es regelmäßig wieder aufbauen müssen.

Der Unterbaukamin ist eine weitere nützliche Feuerkonstruktion, insbesondere bei windigen oder nassen Bedingungen. Bei diesem Brandschutzkonzept wird ein Windschutz geschaffen, indem ein größeres Stück Holz oder ein

Baumstamm schräg gegen einen festen Gegenstand, beispielsweise einen Stein oder einen anderen Baumstamm, gestellt wird. Der Windschutz schützt das Feuer vor Windböen und erleichtert so das Anzünden und Aufrechterhalten einer Flamme, selbst unter schwierigen Bedingungen. Um ein Feuer zu machen, legen Sie Zunder und Anzündholz unter den aufgestellten Baumstamm, sodass Sie das Feuer anzünden können, ohne es dem Wind auszusetzen.

Sobald das Feuer brennt, können Sie zusätzlichen Brennstoff hinzufügen, indem Sie kleinere Holzstücke gegen den Windschutzscheit lehnen und so das Feuer nach und nach entfachen. Das Unterbaufeuer eignet sich hervorragend zum Anzünden eines Feuers unter widrigen Bedingungen. Sobald sich die Flamme jedoch etabliert hat, kann es für eine nachhaltigere Verbrennung in eine andere Feuerstruktur umgewandelt werden, z. B. in ein Tipi oder ein Blockhausfeuer. Dies ist eine besonders wertvolle

Technik, wenn Sie in einer Überlebenssituation, in der das Wetter gegen Sie arbeitet, schnell ein Feuer entfachen müssen.

Das Blockhausfeuer ist eine robustere, langlebigere Feuerkonstruktion und eignet sich daher ideal für Situationen, in denen ein Feuer über einen längeren Zeitraum langsam brennen muss. Bei dieser Feuerkonstruktion werden Holzscheite in quadratischer oder rechteckiger Form gestapelt, ähnlich wie beim Bau der Wände einer Blockhütte. An der Basis beginnen Sie mit Zunder und Anzündholz in der Mitte, wobei zwei größere Holzscheite parallel zueinander auf beiden Seiten des Anzündholzes platziert werden. Platzieren Sie dann zwei weitere Baumstämme senkrecht zum ersten Paar und bilden Sie so die erste „Schicht" Ihres Blockhauses.

Wenn Sie das Feuer nach oben bauen, wechseln Sie die Holzscheite mit jeder Schicht ab, ähnlich wie beim Bauen mit Bauklötzen. Durch diese Struktur kann die Luft ungehindert durch die Lücken zwischen den Holzscheiten strömen und sorgt so dafür, dass das Feuer gleichmäßig und gleichmäßig brennt. Das Blockhausfeuer erzeugt keine intensive Flamme wie das Tipi-Feuer, sondern sorgt für ein langanhaltendes, langsam brennendes Feuer. Dies ist besonders nützlich, wenn Sie über einen längeren Zeitraum kochen oder die Wärme die ganze Nacht über aufrechterhalten möchten, ohne ständig neues Holz nachlegen zu müssen.

Ein weiterer Vorteil des Blockhausfeuers besteht darin, dass es leicht zu kontrollieren ist. Da die Struktur von innen nach außen brennt, können Sie die Größe des Feuers regulieren, indem Sie die Holzmenge anpassen, die Sie den „Kabinen"-Wänden hinzufügen. Wenn Sie zum Beispiel ein kleineres Feuer zum Kochen wünschen, können Sie aufhören, mehrere Schichten Holzscheite hinzuzufügen, sobald das Feuer entstanden ist. Wenn Sie mehr Hitze oder eine längere Verbrennung benötigen, legen Sie weiterhin größere Holzscheite auf die oberen Schichten.

Während diese drei Feuerarten zu den häufigsten und nützlichsten in Überlebenssituationen gehören, gibt es noch einige andere spezielle Feuertechniken, die je nach Umgebung und verfügbaren Ressourcen nützlich sein können. Wenn Sie beispielsweise Holz sparen möchten, ist das Sternenfeuer eine sinnvolle Option. Bei diesem Feuer werden lange Holzscheite sternförmig angeordnet, wobei das Zentrum des Sterns das Feuer selbst ist. Wenn die Holzscheite brennen, schieben Sie sie einfach in die Mitte. Diese Methode ist effizient, da Sie weniger Holzscheite verwenden und nicht ständig nach neuem Brennholz suchen müssen.

In kalten, verschneiten Umgebungen ist die Dakota-Feuerstelle eine großartige Option, da sie die Wärme dort konzentriert, wo Sie sie am meisten benötigen, und das Feuer vor Wind schützt. Dieses Feuer wird in einem in den Boden gegrabenen Loch gebaut, wobei ein zweites, kleineres Loch als Lufteinlass dient. Die unterirdische Beschaffenheit des Feuers trägt dazu bei, die Wärme einzufangen und sie weniger sichtbar zu machen, was in bestimmten Überlebenssituationen, in denen Diskretion erforderlich ist, wichtig sein kann.

Beim Feuer machen und pflegen geht es um mehr als nur darum, warm zu bleiben. Jeder Feuertyp dient einem bestimmten Zweck, und die Wahl des richtigen Typs für Ihre Situation kann den entscheidenden Unterschied bei Ihren Überlebensbemühungen ausmachen. Ganz gleich, ob Sie einen schnellen Hitzestoß, ein langanhaltendes Kochfeuer oder Schutz vor dem Wind benötigen – das Verständnis dieser Techniken zum Feuermachen kann Ihnen die Wärme, Sicherheit und den Komfort bieten, die Sie in der Wildnis brauchen.

Neben dem Entfachen der richtigen Art von Feuer ist es auch wichtig zu wissen, wie man es sicher bewältigt. Räumen Sie immer den Bereich um das Feuer herum frei, um zu verhindern, dass es sich auf die umliegende Vegetation ausbreitet. Ein Ring aus Steinen oder das Ausheben eines kleinen Grabens kann als Barriere zur Eindämmung des Feuers dienen. Behalten Sie das Feuer stets im Auge, insbesondere bei Wind, und stellen Sie stets sicher, dass es vollständig gelöscht ist, bevor Sie den Bereich verlassen.

Wenn Sie diese Grundlagen des Feuermachens beherrschen, verfügen Sie über die notwendigen Fähigkeiten, um eine Vielzahl von Überlebensbedürfnissen zu erfüllen, von Wärme und Kochen bis hin zu Schutz und Moral. Feuer ist eines der ältesten und zuverlässigsten Werkzeuge der Menschheit, und mit diesen Techniken sind Sie besser auf alle Herausforderungen vorbereitet, die Ihnen die Wildnis stellt.

Sammeln Sie den richtigen Zunder, das richtige Anzündholz und den richtigen Brennstoff für ein effizientes Feuer

Beim Anzünden eines Feuers ist die Auswahl der richtigen Materialien entscheidend, um sicherzustellen, dass es sich leicht entzündet und effizient brennt. Wenn Sie die Unterschiede zwischen Zunder, Anzündholz und Brennstoff verstehen und wissen, wie Sie die jeweils besten Materialien zusammenstellen, können Sie ein Feuer machen, das nicht nur schnell brennt, sondern auch lange anhält. Feuer benötigt zum Brennen drei Grundelemente: Wärme, Sauerstoff und Brennstoff. Die von Ihnen gesammelten Materialien stellen sicher, dass alle drei in der richtigen Menge für ein effizientes Feuer vorhanden sind.

Zunder ist das erste, was Sie brauchen, um Ihr Feuer zu entfachen. Es ist das empfindlichste und brennbarste Material im Feuerbauprozess. Zunder fängt den ersten Funken oder die Flamme ein und beginnt schnell zu brennen, wodurch die kleine Flamme entsteht, die das Anzündholz entzündet. Der Schlüssel zu gutem Zunder liegt darin, trockene, lockere und feine Materialien zu finden. Selbst geringe Mengen Feuchtigkeit können dazu führen, dass Zunder nicht mehr in Brand gerät. Achten Sie deshalb auf Materialien, die vollständig trocken sind.

Zu den besten natürlichen Zunder gehören trockenes Gras, Blätter, Kiefernnadeln und Rindenspäne. Birkenrinde beispielsweise ist hochwirksam, da sie Öle enthält, die auch im feuchten Zustand der Rinde brennen. Kleine Zweige, die beim Biegen leicht brechen, sind ebenfalls eine gute Wahl, sie müssen jedoch dünn und trocken sein. Wenn Sie in der Wildnis kein trockenes Material finden, suchen Sie nach der Innenseite toter Äste oder Baumstämme, da diese tendenziell trockener bleiben als ihre Außenseite.

Künstliche Materialien können auch hervorragend als Zunder dienen, wenn Sie welche haben. Wattebällchen, Papier und sogar Trocknerflusen eignen sich hervorragend als Zunder. Einige Überlebenskünstler empfehlen, einen kleinen Beutel mit diesen Materialien mitzunehmen, falls Sie sich in einer feuchten Umgebung befinden, in der es kaum natürlichen Zunder gibt. Die wichtigste Eigenschaft von Zunder ist seine Fähigkeit, schnell Feuer zu fangen und heiß genug zu brennen, um das Anzündholz zu entzünden.

Sobald Sie Ihren Zunder angezündet haben, ist der nächste Schritt das Hinzufügen von Anzündholz. Anzündholz ist die Brücke zwischen dem zarten Zunder und dem größeren Brennholz. Es besteht aus etwas größeren, aber immer noch leicht entflammbaren Materialien, die durch den Zunder Feuer fangen und lange genug brennen, um Ihre Hauptbrennstoffscheite zu entzünden. Das Anzündholz sollte trocken und etwa bleistiftdick sein. Der Schlüssel liegt darin, unterschiedliche

Größen zu sammeln, von kleinen Zweigen bis hin zu Stöcken, die etwa so dick wie Ihr Daumen sind.

Achten Sie beim Sammeln von Anzündholz in der Wildnis auf kleine, abgestorbene Äste an Bäumen oder umgefallene Äste, die beim Biegen leicht brechen. Diese „Bissigkeit" ist ein Zeichen dafür, dass das Holz trocken ist, was für ein gutes Anzünden unerlässlich ist. Vermeiden Sie grünes Holz, da es noch Feuchtigkeit enthält und nicht gut brennt. Anzündholz sollte leicht brennen, aber nicht so schnell wie Zunder, sodass Sie genügend Zeit haben, Ihren Hauptbrennstoff nachzufüllen.

Bevor Sie das Feuer anzünden, sollten Sie eine ausreichende Menge Anzündholz zur Hand haben, da es wichtig ist, genügend Hitze aufzubauen, um das Feuer aufrecht zu erhalten. Legen Sie zunächst die kleinsten Stücke Anzündholz auf den brennenden Zunder und fügen Sie dann nach und nach größere Stücke hinzu. Überladen Sie das Feuer nicht mit Anzündholz, da es sonst ersticken kann.

Fügen Sie stattdessen das Anzündholz stufenweise hinzu, damit die Flamme stetig wachsen kann.

Sobald Ihr Anzündholz gut brennt, ist es Zeit, Ihr Brennholz nachzulegen. Brennstoff besteht aus größeren Baumstämmen oder Ästen, die das Feuer über einen längeren Zeitraum aufrechterhalten. Im Gegensatz zu Zunder und Kleinholz muss sich Brennstoff nicht sofort entzünden; Seine Aufgabe besteht darin, gleichmäßig zu brennen und dauerhaft Wärme zu liefern. Das beste Brennholz stammt von Hartholzbäumen wie Eiche, Ahorn oder Hickory. Diese Hölzer brennen heißer und länger als Nadelhölzer wie Kiefer oder Fichte, die schnell brennen und viel Rauch erzeugen können.

Achten Sie beim Sammeln von Brennholz auf größere tote Äste oder trockene Baumstämme. Brennholz sollte mindestens so dick sein wie Ihr Handgelenk, für länger anhaltende Feuer können jedoch auch größere Scheite verwendet werden. Auch hier ist Trockenheit der Schlüssel. Grünes oder nasses Holz brennt nicht gut, erzeugt mehr Rauch als Hitze und kann sogar Ihr Feuer löschen, wenn zu viel Feuchtigkeit vorhanden ist.

In freier Wildbahn können Sie die Trockenheit von Holz testen, indem Sie zwei Äste gegeneinander schlagen. Trockenes Holz macht ein scharfes, knackendes Geräusch, während nasses Holz dumpf klingt. Ein weiteres Zeichen für trockenes Holz ist sein Gewicht. Trockene Stämme sind leichter als nasse, weil sie ihren Feuchtigkeitsgehalt verloren haben. Sie können auch prüfen, ob sich die Rinde ablöst. Dies ist ein weiterer Indikator dafür, dass das Holz trocken genug zum Verbrennen ist.

Es ist wichtig, Ihr Brennholz so anzuordnen, dass die Luftzirkulation gefördert wird. Feuer braucht Sauerstoff zum Brennen, also stapeln Sie Ihre Holzscheite nicht zu eng oder zu dicht beieinander. Eine gute Methode besteht darin, die Holzscheite kreuzweise zu platzieren, damit ausreichend Luft um das brennende Holz zirkulieren kann. Diese

Methode stellt außerdem sicher, dass der Brennstoff gleichmäßig verbrennt und nicht glimmt.

Wenn das Feuer abbrennt und die Holzscheite zu Glut werden, können Sie mehr Brennstoff hinzufügen, um das Feuer am Laufen zu halten. Behalten Sie das Feuer im Auge und lassen Sie es nicht zu sehr erlöschen, bevor Sie neues Holz nachlegen. Vermeiden Sie gleichzeitig, zu viel Holz auf einmal nachzulegen, da dies das Feuer ersticken und die Sauerstoffzufuhr unterbrechen kann.

Bei nassen Bedingungen kann es schwieriger sein, die richtigen Materialien für ein Feuer zusammenzusuchen, aber es ist immer noch möglich. Suchen Sie nach trockenen Stellen unter Überhängen oder in hohlen Baumstämmen, wo trockener Zunder und Anzündholz vor Regen geschützt sein können. In extremen Fällen müssen Sie möglicherweise die nassen Außenschichten eines Astes oder Baumstamms abstreifen, um an das trockene Holz im Inneren zu gelangen. Wenn alles andere fehlschlägt, können Sie vor dem Anzünden des Feuers ein kleines, trockenes Bett aus Blättern oder Rinde auf dem Boden anlegen, um es vor Feuchtigkeit zu schützen.

Das Sammeln der richtigen Materialien ist die Grundlage für ein erfolgreiches Feuer. Zunder sollte leicht, trocken und leicht entflammbar sein. Anzündholz überbrückt die Lücke zwischen Zunder und Brennstoff und sollte ebenfalls trocken, aber etwas größer sein. Brennholz unterstützt das Feuer und sorgt für langanhaltende Wärme. Indem Sie die richtigen Materialien auswählen und sorgfältig anordnen, schaffen Sie ein effizientes Feuer, das Ihren Überlebensbedürfnissen gerecht wird, sei es zum Wärmen, zum Kochen oder zum Signalisieren von Hilfe. Feuer ist nicht nur ein Überlebensinstrument; Es ist eine Fähigkeit, die Wissen, Übung und Vorbereitung erfordert, aber mit der richtigen Herangehensweise kann jeder sie meistern.

Fortgeschrittene Feuerstartmethoden: Reibung, Funken und Vergrößerung

In einer Überlebenssituation ein Feuer zu entfachen, kann eine der wichtigsten Fähigkeiten sein, die Sie beherrschen müssen. Obwohl Feuerzeuge und Streichhölzer praktisch sind, sind sie nicht immer verfügbar, insbesondere in freier Wildbahn. Wenn Sie fortgeschrittene Feueranzündungsmethoden wie reibungsbasierte Techniken, funkenbasierte Werkzeuge und die Vergrößerung mithilfe von Linsen kennen, erhöhen sich Ihre Chancen, ein Feuer zu entfachen, wenn moderne Werkzeuge nicht zugänglich sind, erheblich. Jede Methode erfordert Übung und Verständnis der Materialien und Bedingungen, aber mit etwas Geduld und Geschick können diese Techniken lebensrettend sein.

Das Feuerstarten durch Reibung ist eine der ältesten und traditionellsten Methoden. Es beruht auf der Hitze, die durch das Aneinanderreiben zweier Materialien, typischerweise Holz, entsteht, um eine

Glut zu erzeugen, die dann zum Anzünden von Zunder verwendet werden kann. Die bekannteste Friktionstechnik ist die Bogenbohrmethode. Für diese Methode sind mehrere Komponenten erforderlich: ein Bogen, eine Spindel (oder Bohrer), ein Feuerbrett und ein Lagerblock.

Der Bogen ist ein gebogener Stock, an dessen Enden eine Schnur befestigt ist. Die Spindel ist ein gerades, zylindrisches Stück Holz, während die Feuerplatte ein flaches Stück Holz ist, in das kleine Kerben eingeschnitten sind. Der Lagerblock besteht normalerweise aus Stein oder Hartholz und dient dazu, die Oberseite der Spindel beim Drehen an Ort und Stelle zu halten.

Um den Bogenbohrer zu verwenden, schlingen Sie die Spindel in die Sehne des Bogens und setzen die Spitze der Spindel in die Kerbe am Feuerbrett. Halten Sie den Lagerblock oben auf der Spindel und drücken und ziehen Sie den Bogen in einer Sägebewegung hin und her, wodurch sich die

Spindel schnell dreht. Wenn sich die Spindel dreht, erzeugt sie Reibung an der Feuerplatte, wodurch Hitze entsteht und kleine, heiße Holzpartikel entstehen. Diese Partikel sammeln sich in der Kerbe und bilden schließlich eine Glut.

Sobald Sie eine Glut haben, übertragen Sie sie vorsichtig auf Ihr Zunderbündel (trockene Blätter, Gras oder Rinde) und pusten Sie vorsichtig darauf, um eine Flamme zu entzünden. Dieser Vorgang erfordert Übung und Geduld, und es ist wichtig, die richtigen Holzarten auszuwählen. Weichhölzer wie Zeder, Weide und Pappel sind ideal, da sie leichter Reibung erzeugen als Harthölzer.

Eine weitere auf Reibung basierende Technik ist die Handbohrmethode, bei der nur eine Spindel und ein Bohrbrett zum Einsatz kommen, die Spindel jedoch von den Händen des Bedieners gedreht wird. Diese Methode ist sogar noch anspruchsvoller, da sie viel Ausdauer und Geschick erfordert, um genügend Hitze und Druck zu erzeugen, um eine Glut zu erzeugen. Obwohl es sich um einen einfacheren Aufbau als die Bogenbohrmaschine handelt, ist sie körperlich anspruchsvoller und wird normalerweise von erfahrenen Überlebenskünstlern verwendet.

Bei den funkenbasierten Methoden kommt es darauf an, dass Funken erzeugt werden, um den Zunder zu entzünden. Eines der zuverlässigsten und am weitesten verbreiteten Werkzeuge hierfür sind Feuerstein und Stahl. Das Konzept ist einfach: Wenn man ein Stück Stahl gegen einen harten Stein wie Feuerstein schlägt, entstehen kleine, heiße Funken. Diese Funken können von leicht entflammbarem Zunder wie Holzkohle, Baumwolle oder trockenem Moos erfasst werden.

Um Feuerstein und Stahl effektiv zu nutzen, halten Sie den Feuerstein in einer Hand und schlagen Sie mit dem Stahl scharf darauf, wobei Sie den Feuerstein so neigen, dass die Funken auf Ihr Zunderbündel fliegen. Der Stahl sollte aus kohlenstoffreichem Metall bestehen, da er bessere Funken erzeugt als kohlenstoffärmere Stähle.

Kohlestoff, ein Material, das oft in Verbindung mit Feuerstein und Stahl verwendet wird, wird durch teilweises Verbrennen von Stoff (normalerweise Baumwolle) in einer sauerstoffarmen Umgebung hergestellt, bis er schwarz wird und leicht entzündlich wird.

Einer der Vorteile von Feuerstein und Stahl ist seine Zuverlässigkeit, da es auch bei Nässe funktioniert. Diese Methode ist zwar nicht so einfach wie die Verwendung eines Feuerzeugs oder Streichhölzern, aber zuverlässig, da sie nicht auf Kraftstoff angewiesen ist und wiederholt angewendet werden kann. Die Beherrschung dieser Technik kann in langfristigen Überlebensszenarien von großem Nutzen sein.

Eine weitere auf Funken basierende Methode ist der Ferrocerstab, der oft als „Ferrostab" oder „Feuerstahl" bezeichnet wird. Ein Ferrocerium-Stab ist ein synthetisches Material, das beim Schaben mit einem Metallschläger oder der Rückseite eines

Messers große, heiße Funken erzeugt. Diese Funken können ein Zunderbündel leicht entzünden. Im Gegensatz zu Feuerstein und Stahl erzeugt ein Ferrostab mehr Funken und brennt heißer, was ihn zu einem hervorragenden Feueranzünder bei allen Wetterbedingungen macht. Die Funken eines Eisenstabs können Temperaturen von über 1.650 °C erreichen, was bedeutet, dass sie sogar leicht feuchten Zunder entzünden können.

Die Verwendung eines Ferrostabs ist unkompliziert. Halten Sie den Stab schräg an Ihren Zunder und schaben Sie ihn mit einer harten, scharfen Kante ab. Der Funkenregen, der vom Stab ausgeht, sollte direkt auf den Zunder fallen und ihn entzünden. Aufgrund der hohen Hitze der Funken sind Ferrostäbe unglaublich effizient und werden von Überlebenskünstlern auf der ganzen Welt häufig verwendet.

Zusätzlich zu den auf Reibung und Funken basierenden Methoden kann die Vergrößerung auch verwendet werden, um ein Feuer zu entfachen, indem das Sonnenlicht auf einen kleinen Punkt fokussiert wird, um genug Wärme zu erzeugen, um Zunder zu entzünden. Das gebräuchlichste Werkzeug für diese Methode ist eine Lupe, manchmal können aber auch andere Gegenstände wie Fernglaslinsen oder sogar Brillen verwendet werden.

Das Grundprinzip beim Anzünden eines Feuers mit Vergrößerung besteht darin, das Sonnenlicht auf einen einzelnen Punkt zu konzentrieren und so die Hitze in diesem Bereich zu erhöhen, bis sich der Zunder entzündet. Platzieren Sie dazu ein Stück Zunder an einem sonnigen Ort und halten Sie die Lupe darüber. Passen Sie dabei den Abstand zwischen der Linse und dem Zunder an, um das Licht auf einen winzigen, hellen Punkt zu fokussieren. Je heller und fokussierter das Licht, desto schneller entzündet sich der Zunder.

Diese Methode funktioniert am besten an klaren, sonnigen Tagen mit viel direkter Sonneneinstrahlung. Es ist wichtig zu beachten, dass das Anzünden eines Feuers mit Vergrößerung bei bewölktem Himmel oder in der Nacht nicht funktioniert und daher nicht immer eine zuverlässige primäre Methode ist. Es ist jedoch eine großartige Option, wenn Sie nur über begrenzte Feueranzünder-Werkzeuge und Zugang zu starker Sonneneinstrahlung verfügen.

Vergrößerungslinsen eignen sich auch am besten für Zunder, der sich leicht entzündet, z. B. trockene Blätter, Papier oder Kohletuch. Geduld ist gefragt, da der Vorgang je nach Intensität der Sonneneinstrahlung und Qualität des Zunders einige Minuten dauern kann.

Obwohl jede dieser Brandanzündungsmethoden Übung und Geschick erfordert, können sie in Überlebenssituationen, in denen moderne Werkzeuge nicht verfügbar sind, unglaublich nützlich sein. Reibungsbasierte Techniken wie der Bogenbohrer und der Handbohrer eignen sich hervorragend zum Entzünden von Feuer aus natürlichen Materialien, die in der Wildnis vorkommen, während funkenbasierte Methoden wie Feuerstein und Stahl oder Ferrostäbe zuverlässige Werkzeuge zum Feueranzünden bieten, die unter verschiedenen Bedingungen eingesetzt werden können . Obwohl die Vergrößerung durch das Wetter und die Verfügbarkeit von Sonnenlicht begrenzt ist, bietet sie eine einfache und effektive Möglichkeit, ein Feuer zu entfachen, wenn Sie über ein Objektiv verfügen. Jede dieser Methoden ist Teil der grundlegenden Fähigkeiten, die jeder Überlebenskünstler erlernen sollte, um sicherzustellen, dass er in jeder Umgebung ein Feuer machen kann.

KAPITEL 5

Primitive und moderne Feueranzünderwerkzeuge

Feuerpflug und Bogenbohrer: Alte Methoden in der Praxis

Der Feuerpflug und der Bogenbohrer sind zwei alte Feueranzündungstechniken, die seit Tausenden von Jahren von verschiedenen Kulturen verwendet werden. Diese Methoden basieren auf Reibung, um Wärme zu erzeugen und eine Glut zu erzeugen, die dann auf Zunder übertragen wird, um ein Feuer zu entfachen. Obwohl sie viel Übung und Geduld erfordern, können sie, wenn sie gemeistert werden, sehr effektiv sein, was sie in Überlebenssituationen, in denen moderne Werkzeuge nicht verfügbar sind, von unschätzbarem Wert macht. Beide Techniken zeigen, wie menschlicher Einfallsreichtum und Verständnis für natürliche Materialien eingesetzt werden können, um eines unserer grundlegendsten Überlebensbedürfnisse zu erfüllen: Feuer.

Die Feuerpflugmethode

Der Feuerpflug ist eine der einfachsten Reibungsmethoden zum Feueranzünden und erfordert nur zwei Hauptkomponenten: eine Fußleiste (typischerweise ein flaches Stück Holz) und einen Pflugstiel (ein härterer, spitzer Stock). Das Grundprinzip besteht darin, den Pflugstiel entlang einer Nut in der Fußleiste zu schieben, um Reibung zu erzeugen. Im Laufe der Zeit erzeugt die durch die wiederholte Bewegung erzeugte Hitze feine, heiße Holzpartikel, die schließlich eine Glut bilden.

Zunächst müssen Sie die richtigen Holzarten auswählen. Weiche, trockene Hölzer wie Zeder, Weide oder Pappel eignen sich am besten, da sie durch Reibung leichter verbrennen. Die Fußleiste sollte relativ breit und flach sein und eine Rille in die Oberfläche haben, während der Pflugstiel stabil und an einem Ende spitz sein sollte, um den Druck auf die Rille zu konzentrieren.

Um den Feuerpflug zu verwenden, legen Sie die Fußleiste auf den Boden und positionieren Sie den Pflugstiel in der Rille. Mit gleichmäßigem Druck schieben Sie den Pflugstiel entlang der Rille nach vorne, wodurch nach und nach Wärme entsteht. Wenn Sie den Stab hin und her bewegen, beginnen sich kleine Holzpartikel am Ende der Rille anzusammeln. Bei anhaltender Anstrengung werden diese Partikel heiß genug, um eine Glut zu bilden. Sobald sich die Glut gebildet hat, übertragen Sie sie auf Ihr Zunderbündel und blasen Sie vorsichtig darauf, bis sich der Zunder entzündet.

Der Feuerpflug ist relativ einfach zu verstehen, erfordert jedoch erhebliche Anstrengungen und Ausdauer, um ausreichend Wärme zu erzeugen. Die größte Herausforderung besteht darin, konstanten Druck und Geschwindigkeit aufrechtzuerhalten, da zu wenig Reibung keine Glut erzeugt und zu viel

Kraft dazu führen kann, dass der Pflugstiel aus der Rille rutscht. Übung ist der Schlüssel und das Wissen, wie Sie Ihre Bewegungen effizient kontrollieren können, ist entscheidend für den Erfolg.

Obwohl diese Methode heutzutage weniger verbreitet ist, wurde sie von indigenen Völkern in tropischen Regionen, insbesondere auf den pazifischen Inseln, häufig angewendet. Die Einfachheit des Feuerpflugs und die minimalen erforderlichen Werkzeuge machen ihn zu einer wertvollen Fähigkeit für jeden, der sich für einfache Feueranzündungsmethoden interessiert.

Die Bow-Drill-Methode

Der Bogenbohrer ist vielleicht die bekannteste antike Feueranzündungsmethode, und das aus gutem Grund. Bei richtiger Ausführung ist es äußerst effektiv, erfordert jedoch eine komplexere Einrichtung als der Feuerpflug. Der Bogenbohrer besteht aus vier Hauptkomponenten: einer Spindel, einem Feuerbrett, einem Bogen und einem Lagerblock.

Die Spindel ist ein gerades, zylindrisches Stück Holz, das als rotierendes Element fungiert, während die Feuerplatte ein flaches Stück Holz ist, in das eine kleine Kerbe eingearbeitet ist, um heißen Holzstaub aufzufangen. Der Bogen ist ein gebogener Stock, an dessen Enden eine Schnur befestigt ist, und der Lagerblock dient dazu, beim Drehen Druck auf die Oberseite der Spindel auszuüben.

Wählen Sie zunächst die richtigen Materialien für die Spindel und das Feuerbrett aus. Wie beim Feuerpflug eignen sich Weichhölzer wie Zeder, Pappel oder Weide am besten, da sie durch Reibung leichter Wärme erzeugen. Die Sehne kann aus jedem starken, flexiblen Material wie Rohleder, Paracord oder sogar einem Schnürsenkel hergestellt werden.

Um den Bogenbohrer zu verwenden, schlingen Sie die Spindel in die Bogensehne und positionieren Sie ein Ende der Spindel in der Kerbe am Feuerbrett. Halten Sie den Lagerblock oben auf der Spindel, um ihn stabil zu halten, und bewegen Sie dann den Bogen in einer Sägebewegung hin und her. Dadurch dreht sich die Spindel schnell und erzeugt Reibung am Feuerbrett. Beim Drehen der Spindel entsteht feiner Holzstaub, der sich in der Kerbe der Brennplatte sammelt. Bei ausreichender Reibung wird dieser Staub heiß und entzündet sich schließlich, wodurch eine Glut entsteht.

Sobald Sie eine Glut haben, übertragen Sie diese vorsichtig auf Ihr Zunderbündel. Blasen Sie vorsichtig auf die Glut, um den Zunder zu entzünden, und füttern Sie die Flamme dann mit kleinen Zweigen oder trockenen Blättern, um Ihr Feuer zu entfachen.

Die Bogenbohrmethode ist effizienter als der Feuerpflug, da sie eine kontinuierliche Drehung der

Spindel ermöglicht und so in kürzerer Zeit mehr Wärme erzeugt. Allerdings ist es auch komplexer und erfordert mehr Material und Koordination. Das Erlernen des effektiven Umgangs mit der Bogenbohrmaschine braucht Zeit, da es Übung erfordert, den richtigen Druck und die richtige Geschwindigkeit beizubehalten und gleichzeitig die Spindel ruhig zu halten.

Eine der größten Herausforderungen beim Bogenbohren ist die Saitenspannung. Wenn die Sehne des Bogens zu locker ist, dreht sich die Spindel nicht richtig, ist sie jedoch zu fest, lässt sich der Bogen nur schwer bewegen. Es ist entscheidend, die richtige Balance zu finden. Darüber hinaus muss die Kerbe an der Feuerplatte richtig geformt sein, damit sich der Holzstaub ansammeln und eine Glut bilden kann. Eine schlecht gemachte Kerbe kann dazu führen, dass der Feueranzündvorgang überhaupt nicht funktioniert.

Der Bogenbohrer wurde im Laufe der Geschichte von verschiedenen Kulturen verwendet, darunter von amerikanischen Ureinwohnern, australischen Ureinwohnern und alten Völkern in Europa und Asien. Aufgrund ihrer Wirksamkeit und der Tatsache, dass alle notwendigen Komponenten aus natürlichen Materialien hergestellt werden können, ist sie nach wie vor eine beliebte Technik unter Überlebenskünstlern und Liebhabern primitiver Fertigkeiten.

Vergleich von Feuerpflug und Bugbohrer

Während sowohl der Feuerpflug als auch der Bugbohrer auf dem gleichen Grundprinzip der Reibung beruhen, unterscheiden sie sich deutlich in ihrer Vorgehensweise und ihrem Schwierigkeitsgrad. Der Feuerpflug ist einfacher konstruiert und einfacher aufzubauen, erfordert jedoch mehr körperliche Anstrengung und Ausdauer, um eine Glut zu erzeugen. Der Bogenbohrer hingegen erfordert mehr Material und einen komplizierteren Aufbau, erzeugt aber, sobald er gemeistert ist, die Wärme effizienter und mit weniger Aufwand.

Die Wahl zwischen den beiden Methoden hängt oft von der Umgebung und den verfügbaren Materialien ab. In tropischen oder gemäßigten Wäldern, in denen es viele Weichhölzer gibt, kann der Bogenbohrer aufgrund seiner Effizienz die bevorzugte Methode sein. In anderen Umgebungen, in denen Holz knapp ist oder die Bedingungen ungünstiger sind, kann der Feuerpflug jedoch aufgrund seiner Einfachheit eine praktikablere Option sein.

Die Bedeutung der Praxis

Sowohl der Feuerpflug als auch der Bugbohrer erfordern Übung, um sie zu beherrschen. Dies sind keine Techniken, die man in einer Überlebenssituation sofort erlernen kann. Indem Sie diese Methoden im Voraus üben, können Sie das Muskelgedächtnis und die Technik aufbauen, die Sie benötigen, um erfolgreich zu sein, wenn es darauf ankommt. Es ist auch wichtig, mit verschiedenen Holzarten und Bedingungen zu experimentieren, um zu verstehen, wie sich diese Faktoren auf den Feuerentfachungsprozess auswirken.

In modernen Überlebensszenarien, in denen Sie möglicherweise Zugriff auf zuverlässigere Werkzeuge wie Feuerzeuge oder Eisenstangen haben, sind der Feuerpflug und der Bogenbohrer möglicherweise nicht immer Ihre erste Wahl. Allerdings kann die Kenntnis dieser alten Methoden von unschätzbarem Wert sein, wenn Sie ohne moderne Werkzeuge zum Feueranzünden dastehen. Sie stellen eine Verbindung zu unseren Vorfahren dar, die sich zum Überleben auf ihr Wissen über die Natur und ihre Umwelt verließen. Durch das Erlernen und Üben dieser Techniken erlangen Sie ein tieferes Verständnis für Eigenständigkeit und die Kraft des menschlichen Einfallsreichtums angesichts der Herausforderungen der Natur.

Verwendung von Feuerstein und Stahl für gleichmäßige Funken

Feuerstein und Stahl sind klassische Feueranzünderwerkzeuge, die seit Jahrhunderten verwendet werden und eine zuverlässige Methode zur Funkenerzeugung auch unter schwierigen Bedingungen bieten. Indem Sie ein Stück gehärteten Stahl gegen einen Feuerstein schlagen, erzeugen Sie winzige, heiße Funken, die ein Zunderbündel entzünden und ein Feuer entfachen können. Obwohl diese Technik einfach erscheinen mag, können die Beherrschung der richtigen Technik und die Auswahl der richtigen Materialien Ihre Erfolgschancen erheblich verbessern. Zu verstehen, wie man Feuerstein und Stahl effektiv nutzt, kann eine lebenswichtige Fähigkeit sein, insbesondere wenn moderne Werkzeuge zum Feueranzünden nicht verfügbar sind.

Was ist Feuerstein und Stahl?

Feuerstein ist eine Art hartes, feinkörniges Gestein, das häufig zur Erzeugung von Funken verwendet wird, da es beim Aufprall kleine, scharfe Stahlfragmente absplittern kann. Stahl bezieht sich in diesem Fall auf ein speziell gehärtetes Metall, das Funken erzeugt, wenn es auf einen harten Gegenstand wie Feuerstein trifft. Der zum Feueranzünden verwendete Stahl ist häufig eine Sorte mit hohem Kohlenstoffgehalt, da diese Stahlsorte bessere Funken erzeugt als andere Metalle.

Wenn Sie den Stahl in einem spitzen Winkel auf den Feuerstein schlagen, werden kleine Stahlpartikel abgeschabt. Diese Partikel werden durch die Wucht des Aufpralls auf hohe Temperaturen erhitzt und erzeugen helle Funken. Diese Funken sind heiß genug, um leicht brennbaren Zunder zu entzünden, der dann vorsichtig in eine Flamme geblasen werden kann.

Auswahl der richtigen Materialien

Die Wirksamkeit der Verwendung von Feuerstein und Stahl hängt maßgeblich von der Qualität der verwendeten Materialien ab. Feuerstein oder andere harte Gesteine wie Quarz oder Chert müssen dicht und scharf genug sein, um effizient auf den Stahl zu treffen. Ein stumpfer oder zu weicher Stein erzeugt nicht genug Kraft, um Funken zu erzeugen. Feuerstein kommt häufig in Flussbetten, Klippen oder Gebieten mit Sedimentgesteinen vor. Wenn Sie keinen Feuerstein finden, können auch andere harte Steine wie Jaspis oder Achat geeignet sein.

Der Stahl muss einen hohen Kohlenstoffgehalt haben, da kohlenstoffärmere Stähle nicht so leicht Funken erzeugen. Viele Überlebenssets enthalten speziell angefertigte Feuerzünder, bei denen es sich um Stahlstücke handelt, die so geformt sind, dass die Funkenproduktion maximiert wird. Einige Überlebensmesser bestehen ebenfalls aus kohlenstoffreichem Stahl und können zum Schlagen von Feuersteinen verwendet werden. Allerdings muss darauf geachtet werden, dass die

Messerschneide nicht stumpf wird. Um optimale Ergebnisse zu erzielen, sollte der Stahl eine saubere, flache Kante haben, auf die wiederholt geschlagen werden kann, ohne dass er abgenutzt wird.

Tinder: Der Schlüssel zur Zündung

Selbst wenn Sie einen Funkenregen erzeugen, entfachen diese kein Feuer, es sei denn, Sie haben den richtigen Zunder. Zunder ist ein Material, das durch einen Funken leicht Feuer fängt und dabei helfen kann, größere Stücke Anzündholz zu entzünden. Der beste Zunder ist trocken, fein und locker und bietet dem Funken viel Oberfläche zum Fangen.

Zu den natürlichen Zundermaterialien gehören getrocknete Gräser, Birkenrinde, Kiefernnadeln und sogar kleine Zweige. In vielen Fällen können auch Pflanzenfasern wie Baumwolle verwendet werden, und manche Leute tragen Kohletuch mit sich, ein Stück Stoff, das verkohlt, aber nicht vollständig verbrannt ist. Kohletuch ist ein idealer Zunder für

Feuerstein und Stahl, da es selbst den kleinsten Funken fängt und sich schnell entzündet.

Um Kohlestoff herzustellen, können Sie ein Stück Baumwollstoff in einen Metallbehälter mit einem kleinen Loch oben legen und über einem Feuer erhitzen. Durch die Hitze verwandelt sich das Tuch in ein geschwärztes, leicht entzündliches Material, das sich perfekt zum Anzünden von Feuersteinen und Stahl eignet. Zu den weiteren Möglichkeiten gehört die Verwendung von verarbeiteten Materialien wie Stahlwolle oder mit Vaseline überzogenen Wattebällchen, die beide extrem entflammbar sind und sich gut gegen Funken eignen.

Schlagtechniken für gleichmäßige Funken

Das richtige Anschlagen von Feuerstein und Stahl ist entscheidend für die gleichmäßige Funkenbildung. Die effektivste Methode besteht darin, den Feuerstein in einer Hand und den Stahlschläger in der anderen Hand zu halten. Der

Feuerstein sollte so gehalten werden, dass eine scharfe Kante oder Ecke freiliegt. Der Stahl sollte schräg gegen den Feuerstein geschlagen werden, wobei der Schwerpunkt darauf liegt, die Kante zu treffen, um kleine Stahlpartikel abzuschaben.

Ein häufiger Fehler besteht darin, den Stahl zu sanft oder im falschen Winkel zu schlagen. Um Funken zu erzeugen, müssen Sie mit so viel Kraft auf das Metall schlagen, dass winzige Metallstückchen wegfliegen. Dazu ist eine scharfe, schnelle Bewegung erforderlich. Es ist jedoch auch wichtig, nicht zu stark zuzuschlagen, da dies den Feuerstein beschädigen oder dazu führen kann, dass Sie die Kontrolle über den Schlag verlieren.

Eine gute Schlagtechnik besteht darin, den Stahl mit einer schnellen, kontrollierten Bewegung nach unten zu kratzen und dabei die Kante des Feuersteins stationär zu halten. Wenn Sie feststellen, dass Sie nicht genügend Funken erzeugen, versuchen Sie, den Winkel oder die

Geschwindigkeit Ihres Schlags anzupassen. Es mag etwas Übung erfordern, die richtige Balance zu finden, aber wenn man es einmal beherrscht, können Feuerstein und Stahl jedes Mal gleichmäßige Funken erzeugen.

Eine weitere wichtige Technik besteht darin, den Zunder so zu positionieren, dass er die Funken effektiv auffängt. Halten Sie den Zunder nah an den Feuerstein, direkt im Weg der Funken. Einige Überlebenskünstler empfehlen, den Zunder direkt auf den Feuerstein zu legen und nach unten zu schlagen, damit die Funken auf dem Zunder landen. Sobald der Zunder einen Funken fängt und zu glimmen beginnt, pusten Sie sanft darauf, um die Glut zum Wachsen zu bringen. Achten Sie darauf, nicht zu stark zu pusten, da dadurch die Glut gelöscht werden kann, bevor sie den Zunder vollständig entzündet.

Gemeinsame Herausforderungen und Lösungen

Eine der größten Herausforderungen bei Feuerstein und Stahl ist die Arbeit unter nassen oder feuchten Bedingungen. Wenn Feuchtigkeit vorhanden ist, können sowohl der Feuerstein als auch der Zunder an Wirksamkeit verlieren. Wenn der Feuerstein nass ist, trocknen Sie ihn gründlich ab, bevor Sie versuchen, Funken zu schlagen. Was Zunder angeht, ist es wichtig, trockene Materialien zu finden oder zu transportieren, die sich leicht entzünden können. Bei Nässe kann es lebensrettend sein, einen kleinen wasserdichten Behälter mit Kohletuch oder trockenem Zunder in Ihrer Überlebensausrüstung aufzubewahren.

Eine weitere Herausforderung besteht darin, die richtige Schlagtechnik zu finden. Manchen Menschen fällt es möglicherweise schwer, genug Kraft aufzubringen, um Funken zu erzeugen, während andere den Feuerstein durch zu starke Schläge beschädigen können. Der Schlüssel liegt darin, regelmäßig zu üben und Ihre Bewegungen zu verfeinern, bis Sie mit minimalem Aufwand gleichmäßige Funken erzeugen können.

Bei der Verwendung von Feuerstein und Stahl kann auch Wind ein Problem sein. Bei starkem Wind können die Funken vom Zunder weggeblasen werden, bevor sie sich entzünden können. In diesen Fällen ist es wichtig, einen Windschutz anzulegen oder sich an einem geschützten Ort aufzustellen. Sie können den Zunder auch mit den Händen umschließen, um ihn vor dem Wind zu schützen, während Sie daran arbeiten, Funken zu erzeugen.

Praktische Anwendungen von Feuerstein und Stahl

In modernen Überlebensszenarien sind Feuerstein und Stahl möglicherweise nicht immer die erste Wahl zum Feueranzünden, da heute häufiger Streichhölzer, Feuerzeuge und Ferrocerium-Stäbe verwendet werden. Allerdings haben Feuerstein und Stahl den Vorteil, dass sie wiederverwendbar und langlebig sind. Im Gegensatz zu einem Feuerzeug, dem der Treibstoff ausgehen kann, oder Streichhölzern, die feucht und unbrauchbar werden können, kann ein gutes Set aus Feuerstein und Stahl bei richtiger Pflege jahrelang halten. Dies macht es zu einer hervorragenden Ersatzmethode zum Anzünden von Bränden für Überlebenskünstler, Camper und Outdoor-Enthusiasten.

Feuerstein und Stahl sind auch deshalb wertvoll, weil sie einen dazu zwingen, ein tieferes Verständnis für das Entfachen eines Feuers zu entwickeln. Wenn man lernt, wie man Funken erzeugt und sie behutsam zu einer Flamme werden lässt, lernt man Geduld, Beharrlichkeit und Einfallsreichtum – Eigenschaften, die in jeder Überlebenssituation unerlässlich sind. Wenn Sie außerdem wissen, wie man natürliche Materialien wie Feuerstein verwendet, werden Sie mit alten Traditionen und den Fähigkeiten vertraut gemacht, auf die sich unsere Vorfahren zum Überleben verlassen haben.

Die Verwendung von Feuerstein und Stahl zum Feueranzünden ist eine Fähigkeit, die Übung und Geduld erfordert, aber eine der zuverlässigsten und nachhaltigsten verfügbaren Methoden ist. Wenn Sie wissen, wie Sie die richtigen Materialien auswählen, Ihre Schlagtechnik verfeinern und effektiven Zunder sammeln, können Sie unter verschiedenen Bedingungen regelmäßig Funken erzeugen und ein Feuer entfachen. Während moderne Werkzeuge vielleicht praktischer sind, ist die Beherrschung von Feuerstein und Stahl eine wertvolle Überlebensfähigkeit, die Sie sowohl mit der Natur als auch mit der Geschichte verbindet.

Moderne Feuerwerkzeuge: Feuerzeuge, Eisenstäbe und wasserdichte Streichhölzer

Moderne Feueranzünder sind aufgrund ihrer Bequemlichkeit, Zuverlässigkeit und Effizienz in Überlebenssituationen unverzichtbar geworden. Diese Werkzeuge sollen Ihnen dabei helfen, schnell und einfach ein Feuer zu entfachen, das für die Wärme, das Kochen und das Signalisieren von Hilfe unerlässlich ist. Zu den beliebtesten und effektivsten Feueranzündern gehören Feuerzeuge, Ferrocerium-Stäbe (Ferro-Stäbe) und wasserdichte Streichhölzer. Jedes hat seine Vorteile und spezifischen Einsatzmöglichkeiten, was sie für jeden unverzichtbar macht, der sich in die Wildnis wagt oder sich auf Notfälle vorbereitet.

Feuerzeuge: Schnell und bequem

Feuerzeuge sind heutzutage vielleicht das gebräuchlichste Feueranzünderwerkzeug. Sie erzeugen eine kleine Flamme aus einem Gas (normalerweise Butan), die durch einen Funken aus Feuerstein und Stahl im Feuerzeug entzündet wird. Sie sind leicht, einfach zu bedienen und können fast sofort eine Flamme erzeugen, was sie zu einer idealen Wahl für das schnelle Anzünden eines Feuers macht. Feuerzeuge gibt es in verschiedenen Formen, zum Beispiel als Einweg-, nachfüllbare und winddichte Modelle, von denen jedes seine eigenen Vorteile bietet.

Einer der Hauptvorteile eines Feuerzeugs ist seine Einfachheit. Für das Anzünden eines Feuers mit einem Feuerzeug sind keine besonderen Techniken erforderlich. Betätigen Sie einfach den Schalter und halten Sie die Flamme an Ihren Zunder. Diese einfache Handhabung macht Feuerzeuge in Notsituationen, in denen Zeit und Energie knapp sein könnten, besonders wertvoll. Darüber hinaus können Feuerzeuge je nach Modell hunderte oder sogar tausende Male verwendet werden, bevor ihnen der Treibstoff ausgeht.

Trotz ihrer Bequemlichkeit weisen Feuerzeuge einige Einschränkungen auf. Sie sind auf einen Treibstoffvorrat angewiesen, und sobald dieser Treibstoff aufgebraucht ist, wird das Feuerzeug unbrauchbar, sofern es nicht nachfüllbar ist. Insbesondere Einwegfeuerzeuge sind Einwegartikel. Darüber hinaus können Feuerzeuge empfindlich auf extreme Kälte reagieren, was dazu führen kann, dass der Kraftstoff gefriert, und in großen Höhen, in denen der Sauerstoffgehalt niedriger ist, funktionieren sie möglicherweise nicht gut. Unter nassen Bedingungen kann es außerdem schwierig sein, ein Feuerzeug zu entzünden, wenn der Feuerstein oder der Treibstoff gesättigt ist.

Sturmfeuerzeuge lösen einige dieser Herausforderungen, indem sie eine stärkere Flamme erzeugen, die nicht so leicht vom Wind ausgeblasen wird. Diese Feuerzeuge sind besonders nützlich in windigen oder stürmischen Umgebungen, in denen herkömmliche Feuerzeuge möglicherweise versagen. Sie sind jedoch immer noch anfällig dafür, dass ihnen der Treibstoff ausgeht, daher ist es immer eine gute Idee, Ersatzausrüstungen zum Anzünden eines Feuers dabei zu haben.

Ferrostäbe: Langlebig und zuverlässig

Ferrocerium-Stäbe, oft auch als Ferro-Stäbe oder Feuerstahl bezeichnet, sind ein weiteres beliebtes Feueranzünder-Werkzeug. Im Gegensatz zu Feuerzeugen sind Ferrostäbe nicht auf Treibstoff angewiesen und können unbegrenzt verwendet werden, bis der Stab abgenutzt ist. Ein Ferrostab funktioniert, indem er mit einem harten Gegenstand wie einem Messer oder einem Schlaghammer abgekratzt wird, wodurch heiße Funken entstehen, die Zunder entzünden können. Der Stab selbst besteht aus einer Mischung von Metallen, darunter Eisen und Magnesium, die beim Schaben Funken erzeugen.

Einer der größten Vorteile eines Ferrostabs ist seine Haltbarkeit. Ferrostäbe können im Laufe ihrer Lebensdauer Tausende von Funken erzeugen, was sie zu einem langlebigen Feueranzünder macht. Sie funktionieren auch bei einer Vielzahl von Bedingungen gut, einschließlich Regen, Wind und Kälte. Da der Stab aus Metall besteht, benötigt er im Gegensatz zu Feuerzeugen und Streichhölzern keine trockenen Bedingungen, um effektiv zu funktionieren. Dies macht Ferrostäbe zu einer zuverlässigen Option in rauen Umgebungen.

Ferro-Stäbe bieten außerdem eine größere Vielseitigkeit als einige andere Feueranzünder-Werkzeuge. Sie können die Größe und Intensität der Funken anpassen, je nachdem, wie stark und schnell Sie über die Rute kratzen. Dies ermöglicht eine bessere Kontrolle beim Anzünden eines Feuers, insbesondere wenn Ihr Zunder nicht ideal ist. Ferro-Ruten sind außerdem sehr kompakt und leicht, sodass sie leicht in einer Überlebensausrüstung oder einem Rucksack transportiert werden können.

Allerdings erfordert der effektive Einsatz von Ferrostäben etwas Geschick und Übung. Um ein Feuer mit einem Ferrostab zu entfachen, müssen Sie eine gute Menge Funken erzeugen und Ihren Zunder richtig positionieren, um diese Funken aufzufangen. Es ist nicht so einfach, ein Feuerzeug anzuzünden, und in einer Notsituation kann es etwas mehr Zeit und Mühe kosten, ein Feuer zu entfachen. Für Anfänger empfiehlt es sich, den

Umgang mit einer Ferrorute zu üben, bevor sie sich in der Wildnis darauf verlassen.

Wasserdichte Streichhölzer: Für jedes Wetter gerüstet

Wasserdichte Streichhölzer sind speziell für den Einsatz unter nassen Bedingungen konzipiert, bei denen herkömmliche Streichhölzer versagen würden. Sie sind mit einer wasserfesten Substanz beschichtet, die verhindert, dass sie sich mit Feuchtigkeit vollsaugen, sodass sie sich auch nach dem Eintauchen in Wasser entzünden können.

Aufgrund ihrer Zuverlässigkeit bei extremen Wetterbedingungen sind wasserdichte Streichhölzer oft in Überlebensausrüstungen und Notfallrucksäcken enthalten.

Einer der Hauptvorteile wasserdichter Streichhölzer ist ihre Fähigkeit, bei Regen oder nach Einwirkung von Wasser ein Feuer zu entfachen. Dies macht sie zu einem hervorragenden Werkzeug für Umgebungen, in denen Feuchtigkeit ein ständiges Problem darstellt, wie z. B. Dschungel, Küstengebiete oder regnerisches Klima. Im Gegensatz zu herkömmlichen Streichhölzern, die unbrauchbar werden können, wenn sie nass werden, sorgen wasserdichte Streichhölzer auch unter schwierigen Bedingungen für eine zuverlässige Flamme.

Auch wasserfeste Streichhölzer sind relativ einfach zu verwenden. Wie bei normalen Streichhölzern schlägt man sie gegen eine raue Oberfläche, um eine Flamme zu erzeugen. Nach dem Anzünden ist die Flamme normalerweise stärker und stabiler als die eines normalen Streichholzes und brennt lange genug, um Ihren Zunder zu entzünden. Bei vielen wasserfesten Streichhölzern befindet sich auf der Verpackung ein spezieller Schlagbolzen, der zudem beschichtet ist, um Wassereinwirkung standzuhalten.

Die größte Einschränkung wasserdichter Streichhölzer besteht darin, dass es sich um einen Einwegartikel handelt. Sobald Sie Ihren Vorrat aufgebraucht haben, benötigen Sie eine andere Methode zum Anzünden des Feuers. Darüber hinaus können sie bei extrem windigen Bedingungen weniger effektiv sein, da der Wind die Flamme ausblasen kann, bevor sie Ihren Zunder erfassen kann. Um dem entgegenzuwirken, bieten einige Marken wind- und wasserdichte Streichhölzer an, die sowohl nassen als auch windigen Umgebungen standhalten. Diese Streichhölzer erzeugen eine größere, intensivere Flamme, die stärkeren Winden standhält, sind jedoch oft teurer als herkömmliche wasserdichte Streichhölzer.

Ein weiterer zu berücksichtigender Faktor ist, dass wasserdichte Streichhölzer zwar zuverlässig sind, im Laufe der Zeit jedoch einem Verschleiß unterliegen. Die wasserdichte Beschichtung kann sich verschlechtern, wenn die Streichhölzer

Reibung oder rauen Bedingungen in Ihrem Rucksack ausgesetzt sind. Damit sie in einwandfreiem Zustand bleiben, ist es wichtig, sie in einem stabilen, wasserdichten Behälter aufzubewahren.

Vergleich der Tools: Welches soll ich wählen?

Jedes dieser modernen Feueranzünder, Feuerzeuge, Ferrostäbe und wasserdichten Streichhölzer hat seine Stärken und Schwächen. Die Wahl des besten Werkzeugs hängt von der Umgebung ab, in der Sie sich befinden, von den Bedingungen, denen Sie ausgesetzt sein werden, und von Ihrer Erfahrung im Feueranzünden.

Feuerzeuge sind ideal für den täglichen Gebrauch oder Kurztrips, bei denen Komfort und Geschwindigkeit im Vordergrund stehen. Sie eignen sich perfekt für Umgebungen, in denen keine extremen Wetterbedingungen zu erwarten sind, und sorgen mit geringem Aufwand für eine nahezu sofortige Flammenbildung. Da sie jedoch auf Treibstoff angewiesen sind, müssen Sie überwachen, wie viel Benzin noch übrig ist, und es ist ratsam, einen Backup-Plan für den Fall zu haben, dass das Feuerzeug ausfällt.

Ferro-Ruten sind eine großartige Option für längere Reisen oder Umgebungen, in denen raue Bedingungen wie Regen, Wind oder Kälte zu erwarten sind. Ihre Haltbarkeit und die Fähigkeit, auch bei Nässe zu funktionieren, machen sie zu einem Favoriten unter Überlebenskünstlern. Obwohl sie mehr Geschick und Übung erfordern, um sie effektiv einzusetzen, stellen sie eine zuverlässige Methode zum Anzünden von Bränden dar, die tausende Male verwendet werden kann.

Wasserdichte Streichhölzer eignen sich hervorragend für nasse Bedingungen und sind einfach zu verwenden, was sie zu einer guten Wahl für Umgebungen macht, in denen Feuchtigkeit ein Problem darstellt. Da es sich jedoch um

Einwegartikel handelt, werden sie am besten als Teil eines größeren Feueranzünder-Sets verwendet, das auch andere Werkzeuge wie ein Feuerzeug oder einen Eisenstab enthält.

Jedes dieser modernen Feueranzünderwerkzeuge spielt in Überlebenssituationen eine wertvolle Rolle. Feuerzeuge ermöglichen ein schnelles und bequemes Entflammen, Ferrostäbe sorgen für eine lange Haltbarkeit und wasserdichte Streichhölzer sorgen dafür, dass das Feuer auch bei Nässe entzündet wird. Wenn Sie eine Kombination dieser Werkzeuge bei sich tragen, können Sie Ihre Chancen erhöhen, erfolgreich ein Feuer zu entfachen, ganz gleich, welchen Herausforderungen Sie in der Wildnis gegenüberstehen.

KAPITEL 6

Beschaffung von sicherem Trinkwasser in freier Wildbahn

Suche nach natürlichen Wasserquellen: Bäche, Seen und Tau

In freier Wildbahn sicheres Trinkwasser zu finden, ist eine der wichtigsten Überlebensfähigkeiten, die es zu beherrschen gilt. Der menschliche Körper kann wochenlang ohne Nahrung, aber nur wenige Tage ohne Wasser auskommen. Daher ist es wichtig zu wissen, wie man natürliche Wasserquellen lokalisiert und einschätzt. Bäche, Seen und sogar Tau können in der Wildnis Wasser liefern, aber nicht alle Quellen sind ohne Reinigung sicher zu trinken. Wenn Sie wissen, wo Sie Wasser finden und wie Sie dessen Sicherheit beurteilen können, erhöhen sich Ihre Chancen, in Überlebenssituationen hydriert und gesund zu bleiben, erheblich.

Bei der Suche nach Wasser in freier Wildbahn ist eines der ersten Dinge, die berücksichtigt werden müssen, wo es am wahrscheinlichsten zu finden ist. Da das Wasser im Allgemeinen bergab fließt, sind tiefer gelegene Gebiete, Täler und Geländesenken gute Ausgangspunkte. Suchen Sie nach Anzeichen von Wasser wie üppiger Vegetation, Tierspuren und Insekten wie Mücken, die oft in der Nähe von Wasserquellen herumschwirren. Auch das Lauschen auf das Geräusch von fließendem Wasser kann Ihnen dabei helfen, Bäche oder Flüsse zu finden, die möglicherweise hinter Bäumen oder Felsen verborgen sind.

Bäche und Flüsse gehören zu den häufigsten Wasserquellen in freier Wildbahn. Man findet sie meist in hügeligen oder bergigen Regionen, wo Wasser aus höheren Lagen herabfließt. Bewegtes

Wasser ist im Allgemeinen sicherer zu trinken als stilles Wasser, da die Bewegung dazu beiträgt, das Wachstum schädlicher Bakterien und Parasiten zu verhindern. Nur weil das Wasser fließt, bedeutet das jedoch nicht, dass es völlig trinkbar ist. Es ist wichtig, das Wasser, das Sie aus Bächen sammeln, zu reinigen, da es möglicherweise noch Mikroorganismen, Ablagerungen oder Verunreinigungen aus dem Fluss enthalten kann. Verwenden Sie zum Sammeln von Wasser einen Behälter oder eine Tasse und schöpfen Sie es aus der Mitte des Baches, wo es weniger wahrscheinlich ist, dass sich Schmutz oder Sedimente darin befinden.

Seen und Teiche sind weitere potenzielle Wasserquellen. Man findet sie oft in flachen, tief gelegenen Gebieten oder mitten in Waldgebieten. Diese Gewässer sind größer und statischer als Bäche, sodass die Wahrscheinlichkeit, dass sie schädliche Bakterien oder Algen enthalten, höher ist. Wenn Sie auf einen See stoßen, untersuchen Sie das Wasser, bevor Sie es trinken. Klares Wasser ohne starken Geruch ist eine bessere Option, aber dennoch ist es wichtig, das Wasser vor dem Verzehr zu reinigen. Vermeiden Sie es, Wasser an den Rändern von Seen zu sammeln, wo möglicherweise mehr organische Stoffe vorhanden sind, und sammeln Sie es stattdessen nach Möglichkeit aus tieferen, klareren Teilen.

Zusätzlich zu Bächen und Seen kann man manchmal auch Wasser finden, indem man die Umgebung selbst anzapft. Tau, der sich am frühen Morgen oder am späten Abend bildet, wenn die Luft abkühlt, kann in Gebieten mit knappen Wasserquellen eine wertvolle Feuchtigkeitsquelle sein. Über Nacht sammelt sich Tau auf Gras, Blättern und anderen Oberflächen, und obwohl es keine große Wassermenge ist, kann er in Notsituationen hilfreich sein. Um Tau aufzufangen, können Sie ein sauberes Tuch oder Kleidungsstück über das Gras oder die Blätter laufen lassen und es in einem Behälter auswringen. Tau ist im

Allgemeinen sicher zu trinken, da es sich lediglich um kondensierte Feuchtigkeit aus der Luft handelt. Wenn Sie ihn jedoch von Pflanzen sammeln, stellen Sie sicher, dass diese ungiftig sind.

Eine andere Möglichkeit, Wasser zu finden, besteht darin, nach Anzeichen von Tieren zu suchen. Viele Tiere, insbesondere Vögel und Säugetiere, benötigen Wasser zum Überleben. Wenn Sie also ihren Spuren oder ihrem Verhalten folgen, können Sie zu einer nahegelegenen Wasserquelle gelangen. Vögel fliegen in der Regel am frühen Morgen und am späten Nachmittag in Richtung Wasser, daher kann es hilfreich sein, auf ihre Flugmuster zu achten. Auch größere Tiere wie Hirsche und Elche hinterlassen freie Wege zu Wasserstellen. Wenn Sie also frische Spuren entdecken, lohnt es sich möglicherweise, ihnen zu folgen, um zu sehen, wohin sie führen.

In manchen Umgebungen wie Wüsten oder Trockengebieten sind natürliche Wasserquellen wie

Bäche und Seen möglicherweise selten. In diesen Fällen müssen Sie kreativer werden, um Wasser zu finden. Eine Methode besteht darin, nach Grundwasser zu suchen, indem man in trockenen Flussbetten oder Sandgebieten gräbt. Manchmal sammelt sich in trockenen Bachbetten Wasser direkt unter der Oberfläche, und wenn Sie etwa 30 cm tief graben, können Sie möglicherweise an das Wasser herankommen. Eine andere Technik besteht darin, Feuchtigkeit von Pflanzen zu sammeln, indem man eine Plastiktüte um einen grünen Zweig eines Baumes oder Busches bindet. Mit der Zeit gibt die Pflanze Wasserdampf ab, der im Beutel kondensiert und eine kleine Menge Trinkwasser liefert.

Während es wichtig ist, Wasser in freier Wildbahn zu finden, ist es ebenso wichtig sicherzustellen, dass das Wasser, das Sie sammeln, trinkbar ist. Viele natürliche Wasserquellen, auch solche, die sauber aussehen, können schädliche Bakterien, Parasiten oder Viren beherbergen, die schwere Krankheiten verursachen können. Durch Wasser übertragene

Krankheiten wie Giardien oder Kryptosporidien kommen in der Wildnis häufig vor. Nehmen Sie sich daher immer die Zeit, das gesammelte Wasser zu reinigen.

Eine der einfachsten Reinigungsmethoden ist das Kochen. Das Kochen von Wasser für mindestens eine Minute (oder drei Minuten in größeren Höhen) tötet die meisten Schadorganismen ab. Diese Methode ist sehr effektiv, erfordert jedoch eine Wärmequelle wie ein Feuer oder einen Herd sowie einen Behälter zum Kochen des Wassers. Wenn Sie einen tragbaren Herd bei sich haben oder die Möglichkeit haben, ein Feuer zu machen, ist Kochen eine davon Die besten Möglichkeiten, um sicherzustellen, dass Ihr Wasser sicher ist.

Wenn Abkochen keine Option ist, sind Wasserreinigungstabletten eine leichte und wirksame Alternative. Diese Tabletten, die häufig Jod oder Chlor enthalten, können Ihrem Wasser zugesetzt werden, um Bakterien und Viren abzutöten. Normalerweise dauert es etwa 30 Minuten, bis sie wirken, und auch wenn sie einen leichten chemischen Geschmack hinterlassen, sind sie eine einfache und zuverlässige Möglichkeit, Wasser unterwegs zu reinigen. Befolgen Sie unbedingt die Anweisungen auf der Tablettenverpackung, um sicherzustellen, dass Sie die richtige Dosierung für die zu reinigende Wassermenge verwenden.

Die Filtration ist eine weitere gängige Methode, um Wasser trinkbar zu machen. Tragbare Wasserfilter sind in verschiedenen Größen erhältlich und können Partikel, Bakterien und einige Viren aus dem Wasser entfernen. Diese Filter verwenden häufig ein Pumpensystem oder einen Strohhalmmechanismus, um das Wasser beim Trinken zu filtern. Während Filter bei der Entfernung vieler Verunreinigungen wirksam sind, fangen sie kleinere Organismen wie Viren möglicherweise nicht ein. Daher ist es eine gute Idee, die Filtration mit einer chemischen

Reinigung zu kombinieren, um die Sicherheit zu erhöhen.

In einigen Fällen müssen Sie möglicherweise Wasser mit natürlichen Methoden reinigen. Eine Möglichkeit besteht darin, einen Solardestillierapparat zu bauen, der die Wärme der Sonne nutzt, um Wasser zu verdampfen und es dann in einem sauberen Behälter zu kondensieren. Um einen Solardestillierapparat zu bauen, graben Sie ein Loch in den Boden und stellen Sie einen Behälter in die Mitte. Decken Sie das Loch mit einer Plastikfolie ab und platzieren Sie einen Stein oder ein Gewicht in der Mitte der Plastikfolie, sodass diese nach unten geneigt ist. Wenn die Sonne den Boden erwärmt, verdunstet Feuchtigkeit, sammelt sich an der Unterseite des Kunststoffs und tropft schließlich in den Behälter.

Obwohl es wichtig ist zu wissen, wie man Wasser reinigt, ist Vorbeugen immer besser als Heilen. Vermeiden Sie es, Wasser aus Quellen in der Nähe von Siedlungen, Bauernhöfen oder Industriegebieten zu trinken, da diese mit größerer Wahrscheinlichkeit mit Chemikalien oder Abfällen kontaminiert sind. Wenn das Wasser eine seltsame Farbe, einen seltsamen Geruch oder Geschmack hat oder Sie Algen oder tote Tiere in der Nähe bemerken, ist es am besten, eine andere Quelle zu finden.

Das Auffinden natürlicher Wasserquellen in freier Wildbahn erfordert eine sorgfältige Beobachtung des Geländes, des Tierverhaltens und der Umweltbedingungen. Bäche, Seen und Tau sind einige der besten Möglichkeiten, aber reinigen Sie das Wasser immer, bevor Sie es trinken, um Krankheiten vorzubeugen. Ganz gleich, ob Sie Abkochwasser, chemische Tabletten oder Filterung verwenden: Die Gewährleistung der Sicherheit Ihres Trinkwassers ist ein entscheidender Schritt für das Überleben in der Wildnis.

Filtrations-, Reinigungs- und Siedetechniken

Trinkwasser trinkbar zu machen, ist in jeder Überlebenssituation eine lebenswichtige Fähigkeit. Ohne Zugang zu sauberem Wasser kann der Körper schnell dehydrieren, was zu Müdigkeit, Verwirrtheit und sogar schweren Krankheiten führt. Das Wasser, das Sie in der Wildnis finden, sei es aus einem Bach, einem See oder sogar aus Regenfällen, sieht zwar sauber aus, kann aber dennoch gefährliche Mikroorganismen, Schmutz oder Chemikalien enthalten. Um nicht krank zu werden, ist es wichtig zu wissen, wie man Wasser filtert, reinigt und kocht und dabei die richtigen Techniken anwendet, um sicherzustellen, dass es für den Verzehr unbedenklich ist.

Das Filtern von Wasser ist der erste Schritt, um das Trinken sicherer zu machen. Filter helfen dabei, Ablagerungen, Schmutz und einige schädliche Bakterien zu entfernen, wodurch das Wasser klarer wird und weniger Krankheiten verursacht. Eine der grundlegendsten Möglichkeiten, Wasser in freier Wildbahn zu filtern, ist die Verwendung natürlicher Materialien. Eine einfache Methode besteht darin, Sand, Kies und Holzkohle in einen Behälter zu schichten, das Wasser hindurchzugießen und die Materialien alle Partikel aufzufangen. Sie können einen provisorischen Filter herstellen, indem Sie den Boden einer Plastikflasche abschneiden oder ein Hohlrohr verwenden und dann Schichten aus Kies, Sand und Holzkohle aus einem Feuer hinzufügen, um größere Verunreinigungen herauszufiltern. Durch diesen Prozess werden weder Bakterien noch Viren abgetötet, aber er verbessert das Erscheinungsbild des Wassers und verringert das Risiko der Aufnahme größerer Partikel oder Schmutz.

Für eine effektivere Filterung sind tragbare Wasserfilter die beste Wahl. Diese Filter sind in verschiedenen Größen erhältlich und können für Camping- oder Notfallausrüstungen gekauft werden. Bei einigen handelt es sich um strohhalmartige Geräte, mit denen Sie direkt aus der Wasserquelle trinken können, während andere Pumpensysteme verwenden, um größere Wassermengen in einen Behälter zu filtern. Diese Filter sollen die meisten Bakterien, Protozoen und Parasiten entfernen, die Magen-Darm-Erkrankungen verursachen können. Der Nachteil ist, dass viele Filter Viren nicht entfernen, die kleiner als Bakterien sind und dennoch durchschlüpfen können. Durch die Kombination der Filtration mit einer anderen Reinigungsmethode wie Kochen oder chemischer Behandlung ist das Wasser jedoch viel sicherer zu trinken.

Nach der Filterung ist die Reinigung des Wassers der nächste wichtige Schritt. Durch die Reinigung werden schädliche Mikroorganismen wie Bakterien, Viren und Protozoen abgetötet oder neutralisiert, die Krankheiten wie Giardien, Kryptosporidien oder Ruhr verursachen können. Eine gängige und praktische Reinigungsmethode ist die Verwendung von Wasserreinigungstabletten oder -tropfen. Diese Tabletten, die oft Chemikalien wie Jod oder Chlor enthalten, sind leicht und lassen sich leicht in einer Überlebensausrüstung transportieren. Um sie zu verwenden, geben Sie einfach die empfohlene Anzahl Tabletten in Ihr gefiltertes Wasser, schütteln Sie den Behälter und warten Sie etwa 30 Minuten. In dieser Zeit können die Chemikalien alle Schadorganismen abtöten. Der Nachteil der chemischen Behandlung besteht darin, dass sie einen leicht bitteren Geschmack hinterlassen kann, der Preis für sauberes Wasser ist jedoch gering. Wenn Sie den Geschmack als unangenehm empfinden, können Sie nach Abschluss des Reinigungsprozesses ein Aroma hinzufügen, beispielsweise eine Getränkemischung in Pulverform.

Eine weitere Methode zur Wasserreinigung ist ultraviolettes (UV) Licht. UV-Lichtgeräte wie tragbare UV-Reiniger werden zur Sterilisierung von

Wasser verwendet, indem sie die DNA von Mikroorganismen zerstören, sodass diese sich nicht mehr vermehren und Krankheiten verursachen können. Diese Geräte sind kompakt, einfach zu bedienen und in klarem Wasser sehr effektiv, funktionieren jedoch nicht gut, wenn das Wasser trüb ist oder viel Schmutz enthält. Aus diesem Grund ist eine Filterung vor der Verwendung eines UV-Reinigers unerlässlich. Legen Sie einfach das UV-Gerät ins Wasser, rühren Sie es um und lassen Sie es für die empfohlene Zeit einwirken (normalerweise etwa 60 Sekunden für einen Liter Wasser). Der Hauptvorteil der UV-Reinigung besteht darin, dass kein chemischer Geschmack entsteht, wodurch das Wasser angenehmer zu trinken ist.

Das Abkochen von Wasser ist eine der ältesten und zuverlässigsten Methoden, es trinkbar zu machen. Es ist besonders wirksam, da es nahezu alle möglicherweise vorhandenen schädlichen Bakterien, Viren und Parasiten abtötet. Um Wasser zu kochen, benötigen Sie eine Wärmequelle, zum Beispiel ein Feuer oder einen Campingkocher, und einen Metall- oder hitzebeständigen Behälter. Sobald Sie das Wasser gesammelt haben, bringen Sie es zum Kochen und lassen Sie es mindestens eine Minute lang kochen, um sicherzustellen, dass alle schädlichen Mikroorganismen abgetötet werden. Wenn Sie sich in größeren Höhen (über 6.500 Fuß) befinden, wo das Wasser bei einer niedrigeren Temperatur kocht, wird empfohlen, das Wasser drei Minuten lang zum Kochen zu bringen. Kochen ist effektiv, erfordert jedoch Brennstoff und Zeit. Nach dem Kochen sollten Sie das Wasser abkühlen lassen, bevor Sie es trinken.

In Situationen, in denen Sie kein Feuer machen oder keinen Brennstoff finden können, gibt es andere Methoden zur Wasserreinigung, die keine Wärme erfordern. Eine dieser Techniken ist die Solardesinfektion, auch bekannt als SODIS. Diese Methode nutzt die Kraft der Sonne, um schädliche Mikroorganismen im Wasser abzutöten. Um diese

Technik anwenden zu können, benötigen Sie durchsichtige Plastikflaschen und Zugang zu direktem Sonnenlicht. Füllen Sie die Flaschen mit Wasser, schütteln Sie sie, um das Wasser mit Sauerstoff anzureichern, und stellen Sie sie dann sechs Stunden lang auf eine ebene Fläche in die volle Sonne. Die UV-Strahlen der Sonne töten die meisten Schadorganismen ab und machen das Wasser trinkbar. SODIS funktioniert am besten bei klarem Wasser und ist bei bewölktem Wetter oder stark verschmutztem Wasser weniger wirksam. Es ist zwar nicht so schnell wie das Kochen, aber es ist eine gute Alternative, wenn der Brennstoff knapp ist.

In manchen Überlebenssituationen kann es auch vorkommen, dass Sie auf Regenwasser oder Schnee als potenzielle Wasserquellen stoßen. Regenwasser ist im Allgemeinen sauber und trinkbar, insbesondere wenn es direkt in einem Behälter gesammelt wird, ohne Pflanzen oder Oberflächen zu berühren, die es kontaminieren könnten. Seien

Sie jedoch immer vorsichtig, wenn Sie sich in der Nähe von Industriegebieten oder nach einem schweren Sturm befinden, da das Regenwasser möglicherweise Schadstoffe aus der Atmosphäre aufnimmt. Schnee kann auch geschmolzen werden, um Wasser zu gewinnen, aber essen Sie Schnee niemals direkt, da dies Ihre Körpertemperatur senken kann. Schmelzen Sie Schnee immer über einem Feuer oder mit Körperwärme in einem Behälter, um ihn in trinkbares Wasser zu verwandeln. Sobald es geschmolzen ist, empfiehlt es sich, es zu filtern oder zu reinigen, wenn Sie den Verdacht haben, dass es Verunreinigungen enthält.

Zusätzlich zu diesen gängigen Methoden ist es auch hilfreich zu wissen, wie man einen Solardestillierapparat baut, insbesondere in trockenen oder wüstenartigen Umgebungen, in denen Wasserquellen schwer zu finden sind. Eine Solaranlage nutzt die Wärme der Sonne, um Feuchtigkeit aus dem Boden oder den Pflanzen zu verdampfen und sie zu trinkbarem Wasser zu kondensieren. Graben Sie dazu ein Loch in den Boden und stellen Sie einen Behälter in die Mitte. Decken Sie das Loch mit Plastikfolie ab und legen Sie in der Mitte ein kleines Gewicht ein, um ein Gefälle zu erzeugen. Durch die Sonne verdunstet Feuchtigkeit aus dem Boden oder den Pflanzen unter dem Kunststoff, sammelt sich an der Unterseite des Kunststoffs und tropft in den Behälter. Obwohl diese Methode nur eine geringe Menge Wasser produziert, kann sie unter extremen Bedingungen lebensrettend sein.

Wenn es ums Überleben geht, hat die Sicherstellung, dass Ihr Wasser trinkbar ist, oberste Priorität. Durch die Filtration werden Ablagerungen und große Partikel entfernt, während die Reinigung schädliche Mikroorganismen abtötet und das Kochen eine wirksame letzte Verteidigungslinie darstellt. Ganz gleich, ob Sie natürliche Materialien, chemische Tabletten, UV-Reiniger verwenden oder Ihr Wasser einfach über dem Feuer kochen – die Beherrschung dieser Techniken stellt sicher, dass

Sie Zugang zu sauberem Wasser haben, egal wo Sie sich in der Wildnis befinden. Tragen Sie immer Ersatzmittel wie Reinigungstabletten oder einen tragbaren Filter bei sich und denken Sie daran, dass selbst das klarste Wasser unsichtbare Gefahren bergen kann. Durch die Kombination von Filtrations-, Reinigungs- und Kochtechniken können Sie sicherstellen, dass Ihr Wasser trinkbar ist und in jeder Überlebenssituation hydriert und gesund bleibt.

Erstellen von Notfall-Wasserfiltern aus natürlichen Materialien

Die Herstellung von Notfall-Wasserfiltern aus natürlichen Materialien kann in Überlebenssituationen eine lebensrettende Fähigkeit sein. Wenn Sie in der Wildnis sind, finden Sie möglicherweise Wasserquellen, die klar aussehen, aber dennoch schädliche Partikel wie Schmutz, Bakterien oder Parasiten enthalten können. Auch wenn diese selbstgemachten Filter das Wasser nicht vollständig reinigen, indem sie alle

Krankheitserreger entfernen, können sie Verunreinigungen erheblich reduzieren und das Wasser viel sicherer zum Trinken machen. Bei diesem Prozess werden natürliche Materialien wie Sand, Holzkohle und Kies verwendet, um den in der Natur vorkommenden Filterprozess nachzuahmen.

Der Schlüssel zur Schaffung eines effektiven Notfall-Wasserfilters ist die Schichtung. Verschiedene Materialien erfüllen bestimmte Aufgaben, z. B. das Einfangen von Schmutz und Ablagerungen oder das Herausfiltern kleinerer Partikel. Sie können aus Materialien, die Sie in Ihrer Nähe finden, einen einfachen Filter zusammen mit einem Behälter für den Filter und das Wasser bauen. Der einfachste Behälter könnte eine leere Plastikflasche sein, aber in einer echten Überlebenssituation könnten Sie auch Baumrinde, einen ausgehöhlten Baumstamm oder sogar dicht gewebten Stoff verwenden.

Zunächst müssen Sie drei wichtige Filtermaterialien sammeln: Kies, Sand und Holzkohle. Jedes dieser Materialien hat unterschiedliche Eigenschaften, die beim Filtern von Wasser helfen. Kies fungiert als erste Verteidigungslinie und fängt große Trümmer wie Blätter, Stöcke oder Insekten auf. Sand hilft dabei, kleinere Partikel wie Schmutz und Sedimente einzufangen. Holzkohle, die durch das Verbrennen und anschließende Löschen von Holz im Feuer entsteht, ist aufgrund ihrer Fähigkeit, Giftstoffe zu absorbieren, besonders wirksam bei der Entfernung von Verunreinigungen und sogar einigen schädlichen Chemikalien. Es ist wichtig zu bedenken, dass diese Methode weder Bakterien noch Viren entfernt. Daher sollte das gefilterte Wasser vor dem Trinken noch abgekocht oder gereinigt werden.

Beginnen Sie damit, einen Behälter für Ihren Filter zu finden. Wenn Sie eine leere Plastikflasche haben, schneiden Sie den Boden ab, um eine Öffnung zu schaffen. Wenn Sie keine Flasche haben, können

Sie aus großen Blättern, Rinde oder einem anderen verfügbaren Material, das die Filterschichten aufnehmen kann, eine Kegelform erstellen. Sichern Sie den Boden Ihres Filters mit einem Tuch oder Gras, um ein Herausfallen der Materialien zu verhindern. Wenn Sie eine Flasche verwenden, fungiert der Flaschenhals als Boden.

Die erste Schicht in Ihrem Filter sollte aus grobem Material bestehen, bei dem es sich um Kies handelt. Sie benötigen eine Handvoll kleine Steine oder Kieselsteine. Geben Sie den Kies in den Behälter, der als Basisschicht dient. Die Aufgabe des Kieses besteht darin, größere Partikel wie Zweige, Blätter oder Insekten aufzufangen, die möglicherweise im Wasser vorhanden sind. Der Kies lässt das Wasser durchfließen und hält diese größeren Verunreinigungen fern. Dies ist ein wichtiger Schritt, da er verhindert, dass sich die kleineren Schichten zu schnell mit Schmutz zusetzen.

Als nächstes legen Sie eine Schicht Sand auf den Kies. Der Sand fungiert als Feinfilter und fängt kleinere Partikel ein, die durch den Kies gelangt sind. Sand ist in vielen Umgebungen reichlich vorhanden, insbesondere in der Nähe von Flüssen oder Stränden. Wenn der Sand, den Sie finden, mit Schmutz vermischt ist, versuchen Sie, ihn zuerst auszuspülen, um einige der größeren Verunreinigungen zu entfernen, bevor Sie ihn in Ihren Filter geben. Die Sandschicht sollte dick genug sein, um den Wasserfluss zu verlangsamen und eine bessere Filterung zu ermöglichen. Wenn Wasser durch den Sand fließt, wird er deutlich klarer, da der größte Teil des Schmutzes und der kleinen Partikel eingeschlossen wird.

Fügen Sie nach dem Sand eine Schicht Holzkohle hinzu. Holzkohle kann hergestellt werden, indem man Holz in einem Feuer verbrennt und es dann löscht, bevor es zu Asche wird. Sobald das Holz abgekühlt ist, zerkleinern Sie es in kleine Stücke oder Pulver. Holzkohle ist ein wichtiger Teil des

Filterprozesses, da sie Chemikalien, Giftstoffe und einige Krankheitserreger absorbiert, die sich möglicherweise im Wasser befinden. Die winzigen Poren in der Holzkohle fangen Verunreinigungen ein und machen das Wasser sauberer. Achten Sie darauf, die Holzkohle in kleine Stücke zu zerkleinern, um ihre Oberfläche und Filterkapazität zu maximieren.

Wenn möglich, wiederholen Sie den Schichtungsvorgang, um die Wirksamkeit des Filters zu erhöhen. Beispielsweise können Sie nach der Holzkohle eine weitere Schicht Sand und anschließend erneut Kies hinzufügen. Je mehr Schichten Ihr Filter hat, desto besser kann er das Wasser reinigen. Sie können zwischen den Schichten auch andere Materialien wie Moos oder Blätter hinzufügen, um für zusätzliche Filterung zu sorgen. Seien Sie jedoch vorsichtig bei der Verwendung von organischem Material, das verrotten oder mehr Bakterien einbringen könnte.

Sobald Ihr Filter gebaut ist, gießen Sie das verunreinigte Wasser durch die Oberseite und lassen Sie es durch die verschiedenen Schichten fließen. Das Wasser sollte am Boden deutlich klarer austreten. Auch wenn das Wasser sauber aussieht, ist es wichtig zu bedenken, dass der Filter nur Partikel, Schmutz und einige Giftstoffe entfernt hat. Es können weiterhin schädliche Mikroorganismen wie Bakterien, Viren und Parasiten vorhanden sein. Daher ist es wichtig, das gefilterte Wasser abzukochen oder eine andere Reinigungsmethode, beispielsweise Jodtabletten, zu verwenden, um sicherzustellen, dass es trinkbar ist.

Kochendes Wasser ist eine der wirksamsten Methoden, um verbleibende Krankheitserreger abzutöten. Bringen Sie dazu das Wasser mindestens eine Minute lang zum Kochen. Wenn Sie sich in großen Höhen (über 6.500 Fuß) befinden, kochen Sie es drei Minuten lang. Dadurch wird sichergestellt, dass die Mikroorganismen abgetötet werden. Lassen Sie das Wasser nach dem Kochen abkühlen, bevor Sie es trinken. Das Abkochen von Wasser hat außerdem den zusätzlichen Vorteil, dass es den Geschmack des Wassers verbessert, das möglicherweise einen Teil des Aromas der Holzkohle absorbiert hat.

Neben dem Abkochen ist die chemische Behandlung eine weitere Möglichkeit, das gefilterte Wasser zu reinigen. Die Verwendung von Wasserreinigungstabletten oder -tropfen, die häufig Chlor oder Jod enthalten, kann Bakterien, Viren und Parasiten abtöten. Diese Tabletten sind leicht und lassen sich leicht in Survival-Kits transportieren. Befolgen Sie die Anweisungen auf der Verpackung, um zu bestimmen, wie viele Tabletten Sie basierend auf Ihrer Wassermenge benötigen. Bedenken Sie, dass chemische Behandlungen manchmal einen leichten Geschmack hinterlassen können. Dies lässt sich jedoch durch die Zugabe eines Aromas oder indem man das Wasser eine Weile offen stehen lässt, in den Griff bekommen.

Obwohl Notwasserfilter aus natürlichen Materialien eine großartige Möglichkeit sind, die Wasserqualität in einer Überlebenssituation zu verbessern, sind sie nicht narrensicher. Sie bieten keinen vollständigen Schutz vor allen durch Wasser übertragenen Krankheiten. Daher ist die Kombination von Filtration und Reinigung die sicherste Methode, um Trinkwasser zu gewährleisten. Im echten Notfall ist sogar ein einfacher Filter besser als schmutziges Wasser zu trinken, aber es ist immer wichtig, zusätzliche Maßnahmen zu ergreifen, um das Wasser so sicher wie möglich zu machen.

Die Herstellung eines Notfall-Wasserfilters aus natürlichen Materialien ist eine lebenswichtige Fähigkeit, die die Wasserqualität in freier Wildbahn erheblich verbessern kann. Durch das Aufschichten von Kies, Sand und Holzkohle können Sie einen funktionellen Filter bauen, der Ablagerungen, Schmutz und einige Chemikalien entfernt. Denken Sie jedoch immer daran, dass das Filtern allein nicht ausreicht, um Wasser völlig sicher zu machen. Auf die Filtration sollte immer ein Kochen oder eine chemische Reinigung folgen, um sicherzustellen, dass alle verbleibenden schädlichen Mikroorganismen entfernt werden. Wenn Sie diese Techniken beherrschen, sind Sie besser darauf vorbereitet, in jedem Überlebensszenario in der Wildnis ausreichend Flüssigkeit zu sich zu nehmen und gesund zu bleiben.

KAPITEL 7

Nahrungsbeschaffung durch Nahrungssuche und Fallenstellen

Essbare Wildpflanzen: Identifizierung nahrhafter und sicherer Lebensmittel

Essbare Wildpflanzen in einer Überlebenssituation zu identifizieren, ist eine der wichtigsten Fähigkeiten, um ernährt zu bleiben. Obwohl es in der Natur viele Pflanzen gibt, die wichtige Nährstoffe liefern können, ist es wichtig zu verstehen, wie man sie von giftigen Pflanzen unterscheidet. Eine Verwechslung kann zu schweren Erkrankungen oder sogar zum Tod führen. Um die Nahrungssuche sicherer zu machen, gibt es einige allgemeine Regeln und Richtlinien, die Sie befolgen können, zusammen mit bestimmten Pflanzen, die häufig in verschiedenen Umgebungen vorkommen.

Zunächst ist es wichtig, die verschiedenen Kategorien von Wildpflanzen kennenzulernen, die essbar sind. Dazu gehören Wurzeln, Blätter, Samen, Beeren und Nüsse. Jede Pflanzenart liefert unterschiedliche Nährstoffe, sodass eine abwechslungsreiche Ernährung mit Wildpflanzen Ihren Körper mit den Vitaminen, Mineralien und Kalorien versorgen kann, die er zum Überleben benötigt. Beispielsweise liefern kohlenhydratreiche Pflanzen wie Knollen und Wurzeln Energie, während Blattgemüse Vitamine und Mineralien liefern kann. Allerdings sind nicht alle Teile jeder Pflanze sicher zum Verzehr geeignet, auch wenn bestimmte Teile, wie Beeren oder Blätter, essbar sind.

Eine der sichersten Möglichkeiten, essbare Wildpflanzen zu identifizieren, besteht darin, sich mit einigen häufig vorkommenden Pflanzen vertraut zu machen, die in vielen verschiedenen Klimazonen und Regionen vorkommen. Pflanzen wie Löwenzahn, Kochbananen und Rohrkolben sind weit verbreitet, leicht zu identifizieren und liefern wichtige Nährstoffe. Löwenzahn ist unglaublich nützlich, da jeder Teil der Pflanze essbar ist, von den gelben Blüten bis zu den Blättern und Wurzeln. Die Blätter sind reich an Vitamin A und C, während die Wurzel getrocknet und geröstet als Kaffeeersatz verwendet werden kann.

Eine weitere leicht zu erkennende Pflanze ist der Rohrkolben, der meist in der Nähe von Wasserquellen zu finden ist. Rohrkolben haben lange, braune, zigarrenförmige Blütenköpfe und wachsen in Sümpfen und an den Rändern von Seen und Teichen. Die jungen Triebe, Wurzeln und Pollen des Rohrkolbens sind alle essbar. Die Wurzeln sind besonders nützlich, da sie Stärke enthalten, die wie Kartoffeln gekocht oder zu Mehl gemahlen werden kann.

Allerdings ist es wichtig, bei der Nahrungssuche nach Wildpflanzen immer vorsichtig zu sein. Viele giftige Pflanzen ähneln stark essbaren Pflanzen. Beispielsweise ähneln Wasser- und Giftschierling essbaren Pflanzen wie Wildkarotten oder Pastinaken, sind aber tödlich. Eine der wichtigsten Sicherheitsregeln besteht darin, Pflanzen zu meiden, die Sie nicht eindeutig identifizieren können. Hier wird Wissen von unschätzbarem Wert. Es ist genauso wichtig zu wissen, welche Pflanzen in Ihrer Region giftig sind, wie zu wissen, welche essbar sind.

Eine nützliche Technik zur Identifizierung potenziell essbarer Pflanzen in freier Wildbahn ist der universelle Essbarkeitstest, mit dem Sie feststellen können, ob eine unbekannte Pflanze sicher zum Verzehr geeignet ist. Der Test umfasst mehrere Schritte und es ist wichtig, diese sorgfältig zu befolgen. Teilen Sie die Pflanze zunächst in Teile, Wurzeln, Stängel, Blätter, Blüten und Samen, und testen Sie jeden Teil einzeln, da einige Teile möglicherweise sicher zum Verzehr geeignet sind, andere jedoch nicht. Reiben Sie ein kleines Stück des Pflanzenteils an der Innenseite Ihres Handgelenks und warten Sie 15 Minuten, um nach Nebenwirkungen wie Juckreiz, Schwellung oder Rötung zu suchen.

Wenn keine Reaktion auftritt, besteht der nächste Schritt darin, ein kleines Stück der Pflanze zu nehmen und es auf Ihre Lippen zu legen. Halten Sie es einige Minuten lang dort und achten Sie auf Kribbeln, Brennen oder Unbehagen. Wenn keine Reaktion auftritt, nehmen Sie das Stück in den Mund, aber schlucken Sie es nicht. Kauen Sie es einige Minuten lang, um festzustellen, ob Reizungen in Mund oder Rachen auftreten. Wenn immer noch keine Reaktion auftritt, können Sie ein kleines Stück schlucken und mehrere Stunden warten, um festzustellen, ob bei Ihnen negative Symptome wie Übelkeit, Erbrechen oder Durchfall auftreten. Erst wenn Sie alle diese Tests bestanden haben, sollten Sie die Pflanze als sicher zum Verzehr betrachten.

Neben allgemeinen Sicherheitsrichtlinien gibt es auch einige Warnzeichen, die oft darauf hinweisen, dass eine Pflanze giftig ist. Pflanzen mit mandelartigem Duft, glänzenden Blättern oder weißen oder gelben Beeren sind oft gefährlich. Vermeiden Sie Pflanzen mit Milchsaft oder Pilze mit roten Kappen oder Kiemen, da diese häufig giftig sind. Ebenso sollten Pflanzen mit schirmförmigen Blütenbüscheln wie Hemlocktanne gemieden werden, es sei denn, Sie sind absolut sicher, dass sie sicher zum Verzehr geeignet sind.

Die Nahrungssuche erfordert auch Kenntnisse über Jahreszeiten und Umgebungen. Bestimmte essbare Pflanzen sind nur zu bestimmten Jahreszeiten erhältlich. Beispielsweise neigen Beeren dazu, im Spätsommer und Frühherbst zu reifen, während einige Grünpflanzen und Triebe am besten im Frühjahr geerntet werden. Wurzelgemüse wie wilde

Zwiebeln und Knoblauch können im Herbst ausgegraben werden, wenn andere Nahrungsquellen möglicherweise knapp sind. Zu wissen, wann und wo man nach essbaren Pflanzen suchen muss, ist der Schlüssel zum Überleben, und dieses Wissen kann oft aus Erfahrung oder dem Lernen von anderen gewonnen werden, die mit der lokalen Pflanzenwelt vertraut sind.

Zu den nährstoffreichsten und sichersten Wildpflanzen, die in verschiedenen Umgebungen häufig vorkommen, gehören Brennnesseln, Klee und Bärlauch. Brennnesseln mögen gefährlich erscheinen, weil sie die Haut reizen können, aber wenn sie einmal gekocht sind, sind sie völlig sicher und voller Eisen und Vitamin C. Bärlauch ist leicht an seinem starken Knoblauchgeruch zu erkennen und kann Ihren Mahlzeiten Geschmack verleihen. während Klee, einschließlich seiner Blüten, essbar und reich an Proteinen ist.

Zu lernen, baumbasierte Nahrungsquellen zu identifizieren, kann in Überlebenssituationen ebenfalls unglaublich hilfreich sein. Kiefern beispielsweise liefern eine Vielzahl essbarer Teile, darunter die innere Rinde, die gekocht oder getrocknet und zu Mehl gemahlen werden kann. Aus den Nadeln lässt sich ein Vitamin-C-reicher Tee zubereiten, und Pinienkerne, die in Tannenzapfen enthalten sind, sind eine gute Protein- und Fettquelle. Auch Birken- und Ahornbäume können zur Saftgewinnung angezapft werden, was für einen zuckerhaltigen Energieschub sorgt.

So wichtig es ist, nährstoffreiche Pflanzen zu finden, so wichtig ist es, giftige oder schädliche Pflanzen zu meiden. Giftefeu, Gifteiche und Giftsumach sind in vielen Regionen verbreitet und verursachen starke Hautreizungen. Diese Pflanzen haben typischerweise „Dreierblätter", was ein guter Reim ist, der Ihnen dabei hilft, daran zu denken, sie zu meiden. Andere Pflanzen, wie die bereits erwähnte Hemlocktanne, können bereits bei geringem Verzehr tödlich sein.

Zusammenfassend lässt sich sagen, dass die Identifizierung essbarer Wildpflanzen eine entscheidende Fähigkeit ist, die in einer Überlebenssituation über Leben und Tod entscheiden kann. Wenn Sie sich mit gängigen essbaren Pflanzen wie Löwenzahn, Rohrkolben und Bärlauch vertraut machen, können Sie eine wertvolle Nahrungsquelle finden. Seien Sie immer vorsichtig und meiden Sie Pflanzen, die Sie nicht sicher identifizieren können, da viele giftige Pflanzen sicheren Pflanzen sehr ähneln. Verwenden Sie den universellen Essbarkeitstest, um festzustellen, ob eine unbekannte Pflanze sicher zum Verzehr geeignet ist. Bedenken Sie jedoch, dass dieser Vorgang Zeit braucht. Wenn Sie lernen, sowohl essbare als auch giftige Pflanzen zu erkennen, bevor Sie sich in die Wildnis begeben, ist dies der beste Weg, um Ihre Sicherheit bei der Nahrungssuche zu gewährleisten. Indem Sie auf die

Pflanzen achten, denen Sie begegnen, und Vorsichtsmaßnahmen treffen, können Sie ernährt und gesund bleiben, während Sie Überlebenssituationen meistern.

Grundlegende Fangtechniken für Kleinwild

Das Fangen von Kleinwild ist eine grundlegende Überlebensfähigkeit, die eine zuverlässige Nahrungsquelle darstellen kann, wenn andere Methoden wie Nahrungssuche oder Jagd möglicherweise nicht so effektiv sind. Fallen funktionieren, indem sie das natürliche Verhalten des Tieres zu Ihrem Vorteil nutzen. Dadurch können Sie Energie sparen und gleichzeitig Ihre Chancen erhöhen, Futter zu fangen. Ganz gleich, ob Sie sich in einem Waldgebiet, auf einem offenen Feld oder in der Nähe einer Wasserquelle befinden: Das Wissen, wie man einfache Fallen wie Fallen, Fallen und andere einfache Mechanismen aufstellt, kann in einer Überlebenssituation einen entscheidenden Unterschied machen. Schauen wir uns einige der effektivsten Fangtechniken für Kleinwild an und betonen dabei die Bedeutung von Präzision und richtigem Aufbau.

Eine der am häufigsten verwendeten Fallen in Überlebenssituationen ist die Schlinge, die sowohl einfach als auch äußerst effektiv sein kann. Schlingen funktionieren, indem sie ein Tier um den Hals oder Körper fangen, sich beim Widerstand festziehen und es schließlich einfangen. Die für die Herstellung einer Schlinge benötigten Materialien sind minimal: Zur Herstellung der Schlinge kann ein starkes Tauwerk wie Draht, Schnur oder sogar Ranken verwendet werden. Die Schlinge wird normalerweise entlang von Tierpfaden angebracht, also in Bereichen, in denen sich Tiere häufig bewegen. Sie können diese Wege erkennen, indem Sie nach abgenutzten Wegen, Tierkot oder Spuren suchen.

Um eine einfache Schlinge einzurichten, erstellen Sie zunächst eine Schlaufe, die groß genug ist, damit das Zieltier hindurchpassen kann, aber klein genug, um sie festzuziehen, sobald es eindringt. Diese Schlaufe wird dann an einem festen Gegenstand befestigt, beispielsweise einem Baum oder einem in den Boden getriebenen Pfahl. Die Größe der Schlaufe sollte der Größe des Tieres entsprechen, das Sie fangen möchten. Für Kleinwild wie Kaninchen oder Eichhörnchen reicht normalerweise eine Schlaufe mit einem Durchmesser von etwa 10 bis 15 cm aus. Platzieren Sie die Schlaufe auf der Höhe des Kopfes oder Körpers des Tieres und achten Sie darauf, dass sie sich gut in die Umgebung einfügt. Um Ihre Erfolgsaussichten weiter zu erhöhen, können Sie natürliche Barrieren wie Stöcke oder Steine verwenden, um das Tier in Richtung der Schlinge zu leiten.

Eine weitere hochwirksame Fangmethode ist die Fallfalle, bei der das Gewicht eines schweren Gegenstands wie eines Steins oder Baumstamms das Tier beim Auslösen zerquetscht oder festhält.

Fallstricke sind besonders nützlich bei der Jagd auf größeres Kleinwild wie Waschbären oder sogar Stachelschweine. Eines der beliebtesten Deadfall-Designs ist das Figure-4-Deadfall-Design, da es aus natürlichen Materialien hergestellt werden kann und über einen einfachen Auslösemechanismus verfügt. Der Deadfall der Figur 4 besteht aus drei Stöcken, die in Form einer Figur 4 angeordnet sind und einen schweren Stein oder Baumstamm über einer mit Ködern versehenen Plattform tragen.

Um einen Deadfall nach Abbildung 4 zu erstellen, müssen Sie drei Stöcke finden: einen, der als vertikaler Pfosten fungiert, einen als horizontale Stütze und einen als diagonalen Auslösestab. Diese Stäbe sind eingekerbt, sodass sie in einer stabilen Viererkonfiguration zusammenpassen. Der vertikale Stock hält das Gewicht, während der diagonale Stock auf dem Köder balanciert. Wenn ein Tier versucht, den Köder zu fangen, bewegt sich der Abzugshebel, wodurch die gesamte Struktur zusammenbricht und der Stein oder Baumstamm herunterfällt, wodurch das Tier darunter gefangen wird. Diese Falle erfordert eine sorgfältige Aufstellung und Ausbalancierung, ist aber bei richtiger Konstruktion unglaublich effektiv.

Neben Schlingen und Fangfallen sind Federfallen eine weitere Methode zum Fangen von Kleinwild. Eine Federschlingenfalle nutzt die Spannung eines gebogenen Schösslings oder eines flexiblen Astes, um eine Schlinge schnell um das Tier herum zu spannen. Um eine Federschlinge aufzubauen, suchen Sie sich zunächst einen starken, flexiblen Ast, der gebogen werden kann, ohne zu brechen. Befestigen Sie die Schlinge an der Spitze des Astes und sichern Sie sie mit einem Auslösemechanismus, beispielsweise einem Hering oder einem Auslösestock, in Bodennähe. Die Schlinge der Schlinge wird dann in die Flugbahn des Tieres gelegt. Wenn das Tier in die Schlinge geht und den Abzug auslöst, rastet der Ast wieder ein, hebt das Tier vom Boden ab und sichert es in der Schlaufe.

Diese Falle ist besonders nützlich für Tiere, die zu groß für eine normale Schlinge, aber zu klein sind, um aufwendigere Fallen zu rechtfertigen.

Eine Variation der Federfalle ist die Paiute-Deadfall-Falle, die ein einfaches Auslösesystem verwendet und schneller aufgebaut werden kann als eine herkömmliche Deadfall-Falle. Wie beim Deadfall in Abbildung 4 wird ein Stein oder Baumstamm als schwerer Gegenstand verwendet, der Auslösemechanismus besteht jedoch aus einer Schnur und einem geschärften Stock. Die Paiute-Falle eignet sich hervorragend zum Fangen kleinerer Tiere, da der Auslöser sehr empfindlich ist und im Vergleich zur Figure-4-Falle weniger Präzision bei der Konstruktion erfordert.

Beim Aufstellen einer Falle ist die Platzierung einer der wichtigsten Aspekte, die es zu berücksichtigen gilt. Tiere tendieren dazu, bei der Nahrungs- oder Wassersuche denselben Routen zu folgen. Wenn Sie Ihre Fallen also entlang dieser natürlichen Pfade aufstellen, erhöhen sich Ihre Erfolgsaussichten erheblich. Suchen Sie nach Bereichen mit Anzeichen von Tieraktivität, z. B. Spuren, Kot oder ausgetretenen Pfaden. Auch Wasserquellen sind ideale Standorte für Fallen, da Tiere diese Gebiete häufig aufsuchen. Auch das Aufstellen von Fallen in der Nähe von Nahrungsquellen wie Beerensträuchern oder Nussbäumen kann eine gute Strategie sein.

Das Beködern Ihrer Fallen kann sie noch effektiver machen. Mit dem richtigen Köder können Sie Tiere direkt in Ihre Falle locken und so Ihre Fangchancen erhöhen. Verwenden Sie für pflanzenfressende Tiere wie Kaninchen pflanzliche Köder wie Karotten, Äpfel oder Blattgemüse. Fleischfressende Tiere wie Waschbären oder Wiesel können mit Fleisch, Fisch oder sogar dem Geruch von Blut angelockt werden. In manchen Fällen kann es genauso effektiv sein, überhaupt keinen Köder zu verwenden und sich auf die natürliche Neugier oder die Bewegungsmuster des Tieres zu verlassen, insbesondere wenn Schlingen entlang von Wegen platziert werden.

Während diese Fallen in einer Überlebenssituation wertvolle Nahrung liefern können, ist es wichtig, Ihre Fallen regelmäßig zu überprüfen. Dadurch wird sichergestellt, dass Sie das Tier schnell erbeuten können, was das Leid verringert und verhindert, dass andere Raubtiere Ihren Fang stehlen. Darüber hinaus können Sie Ihre Fallen durch regelmäßige Überprüfung bei Bedarf zurücksetzen oder an vielversprechendere Standorte verschieben.

Das Fangen erfordert Geduld und Liebe zum Detail. Es geht nicht nur darum, eine Falle aufzustellen und wegzugehen, sondern auch darum, das Verhalten der Tiere zu beobachten, ihre Gewohnheiten zu verstehen und die eigene Technik kontinuierlich zu verbessern. Übung ist der Schlüssel zur Beherrschung dieser Fähigkeiten. Je mehr Zeit Sie mit dem Erlernen und dem Aufstellen verschiedener Arten von Fallen verbringen, desto sicherer und erfolgreicher werden Sie in einer echten Überlebenssituation sein.

Zu wissen, wie man einfache Fallen wie Fallen, Fallen und Federfallen aufstellt, kann von unschätzbarem Wert sein, wenn in der Wildnis die Nahrung knapp ist. Schlingen lassen sich leicht herstellen und benötigen nur minimale Materialien, was sie ideal zum Fangen kleiner Tiere wie Kaninchen und Eichhörnchen macht. Deadfalls sind zwar komplexer, können jedoch auf größere Tiere abzielen und eine reichhaltigere Ernährung bieten. Federfallen nutzen die Spannung, um Tiere schnell einzufangen und bieten eine weitere zuverlässige Option. Indem Sie diese grundlegenden Techniken beherrschen und lernen, Ihre Fallen an strategischen Orten zu platzieren, können Sie Ihre Chancen, Kleinwild zu fangen und sich in einer Überlebenssituation eine lebenswichtige Nahrungsquelle zu sichern, erheblich erhöhen.

Die Kunst des Angelns ohne moderne Werkzeuge: Handleinen und Fischreusen

Das Fangen von Fischen ohne moderne Werkzeuge ist eine seit Jahrhunderten praktizierte Fähigkeit, die auf einfachen, aber effektiven Methoden beruht. Unabhängig davon, ob Sie sich in einer Überlebenssituation befinden oder einfach nur die Herausforderung des Angelns mit natürlichen Mitteln erleben möchten, kann es von entscheidender Bedeutung sein, den Umgang mit Handleinen, Reusen und anderen Improvisationstechniken zu kennen. Diese Methoden erfordern Kreativität, Geduld und ein Verständnis für das Verhalten der Fische. Lassen Sie uns verschiedene Techniken erkunden, mit denen Sie Fische fangen können, ohne auf Ruten, Rollen oder Netze angewiesen zu sein.

Eine der einfachsten Methoden zum Angeln ohne moderne Werkzeuge ist die Verwendung einer

Handleine. Bei einer Handleine handelt es sich im Wesentlichen um eine Angelschnur, die mit der Hand gehalten wird und nicht an einer Angelrute befestigt ist. Diese Technik wird seit Jahrhunderten von Fischern auf der ganzen Welt eingesetzt. Alles, was Sie brauchen, ist eine stabile Leine, die von Schnur bis hin zu starken Pflanzenfasern reichen kann, und einen Haken oder einen scharfen Gegenstand, der als Haken dient. Die Idee besteht darin, die Leine mit dem Köder ins Wasser zu senken und dann manuell nach Fischbissen zu tasten und die Leine nach oben zu ziehen, sobald ein Fisch gefangen ist.

Um eine einfache Handleine zu erstellen, suchen Sie sich zunächst ein Tauwerk aus, das stark genug ist, um das Gewicht und die Anstrengung eines Fisches zu bewältigen. Wenn Sie keine Angelschnur haben, können Sie Stoffstreifen, Pflanzenfasern oder sogar starke Ranken verwenden. Befestigen Sie einen provisorischen Haken am Ende der Leine. Wenn Sie keinen im Laden gekauften Haken haben, können Sie einen aus einem kleinen, scharfen Gegenstand wie einem Dorn, einem Knochen oder sogar einem gebogenen Stück Draht herstellen. Der Haken muss nicht perfekt sein; Seine Hauptaufgabe besteht darin, den Fisch zu sichern, sobald er den Köder anbeißt.

Köder sind ein wesentlicher Bestandteil des Handleinenfischens. Fische werden oft von Würmern, Insekten oder kleinen Fleischstücken angezogen. Wenn Sie in einer Überlebenssituation sind, können Sie unter Baumstämmen oder Steinen nach Würmern oder Maden graben. Als Köder können kleine Pflanzenstücke oder auch die glänzenden Schuppen anderer Fische dienen. Sobald Sie Ihren Köder haben, befestigen Sie ihn am Haken und werfen Sie die Leine ins Wasser. Halten Sie die Leine in der Hand und achten Sie genau auf alle Züge oder Bewegungen, die darauf hindeuten, dass ein Fisch anbeißt. Wenn Sie einen Biss verspüren, ziehen Sie die Leine schnell ein und halten Sie sie fest im Griff, um zu verhindern, dass der Fisch entkommt.

Eine weitere effektive Methode, Fische ohne moderne Werkzeuge zu fangen, ist der Einsatz von Reusen. Fischreusen funktionieren, indem sie Fische in einen begrenzten Bereich leiten, wo sie nicht entkommen können. Diese Technik wurde von indigenen Völkern und frühen Zivilisationen verwendet und ist auch heute noch eine zuverlässige Methode. Fischfallen können aus natürlichen Materialien wie Stöcken, Steinen und sogar Pflanzenfasern hergestellt werden, wodurch sie sich hervorragend an unterschiedliche Umgebungen anpassen lassen.

Eine gängige Art von Fischfallen ist die trichterförmige Falle. Diese Art von Falle funktioniert, indem sie Fische in eine enge Öffnung führt, aus der sie nicht einfach wieder herausschwimmen können. Um eine Trichterfalle zu bauen, sammeln Sie zunächst Stöcke oder

Schilfrohre und verflechten sie zu einer zylindrischen Form mit einer breiten Öffnung an einem Ende und einem schmalen Ausgang am anderen Ende. Platzieren Sie das breite Ende in Richtung der Strömung oder an einer Stelle, an der wahrscheinlich Fische schwimmen, z. B. in Ufernähe oder in seichtem Wasser. Wenn Fische in die weite Öffnung schwimmen, fällt es ihnen schwer, durch den engen Ausgang zu entkommen.

Eine andere Variante einer Fischreuse ist die Steinbarrierenfalle, die am besten in flachem Wasser funktioniert. Um diese Falle zu bauen, müssen Sie aus Steinen oder Ästen eine V-förmige Barriere errichten. Der breite Teil des V sollte stromaufwärts gerichtet sein, wo wahrscheinlich Fische schwimmen, während die schmale Spitze des V zu einem kleinen Becken oder geschlossenen Bereich führt, in dem Fische gefangen werden. Fische schwimmen mit der Strömung in die Falle und werden in das Becken geschleudert, wo sie leicht gefangen werden können. Diese Fallen sind besonders nützlich in Flüssen und Bächen, wo Fische natürlich der Strömung folgen.

Eine fortgeschrittenere Fangmethode ist die Korbfischfalle, die häufig in Gebieten mit ruhigem Wasser oder langsam fließenden Flüssen eingesetzt wird. Um eine Korbfalle herzustellen, müssen Sie lange, flexible Stöcke oder Schilfrohre sammeln und sie in die Form eines Korbes flechten. Der Eingang des Korbes sollte trichterförmig sein, so dass die Fische hineingeleitet werden, sie aber gleichzeitig daran gehindert werden, herauszukommen. Sobald die Fische in die Falle eindringen, schwimmen sie umher und können den engen Ausgang nicht mehr finden. Korbfallen können mehrere Stunden oder sogar über Nacht im Wasser bleiben, was die Chance erhöht, mehrere Fische zu fangen.

Eine weitere Improvisationstechnik, die Sie anwenden können, ist das Speerfischen. Obwohl Speerfischen mehr Geschick und Geduld erfordert als Fallen oder Handleinen, kann das Speerfischen eine äußerst effektive Methode zum Fischfang sein. Zunächst benötigen Sie einen scharfen Stock oder Speer, der stark genug ist, um in den Körper des Fisches einzudringen. Wenn Sie keinen richtigen Speer haben, können Sie einen herstellen, indem Sie das Ende eines langen Stocks schärfen oder mit einem Messer oder einem scharfen Stein eine Spitze einritzen. In manchen Fällen kann die Herstellung eines mehrzackigen Speers oder Dreizacks Ihre Chancen auf einen Fischfang erhöhen, da Sie einen größeren Wirkungsbereich haben.

Beim Speerfischen ist es wichtig, so ruhig wie möglich zu bleiben, um den Fisch nicht zu verscheuchen. Bewegen Sie sich langsam und zielen Sie vorsichtig, wenn Sie Ihren Speer ins Wasser stoßen. Klares, flaches Wasser ist die beste Umgebung zum Speerfischen, da Sie die Fische leichter sehen und Ihre Bewegungen besser kontrollieren können. Das Timing ist entscheidend:

Warten Sie, bis der Fisch nahe kommt, und schlagen Sie dann schnell und präzise zu.

Eine weitere hilfreiche Technik ist die Fischkitzelmethode. Auch wenn es seltsam klingen mag, ist das Kitzeln von Fischen eine alte und hochspezialisierte Methode, Fische nur mit den Händen zu fangen. Die Idee besteht darin, sich an Fische anzuschleichen, oft in der Nähe von Fluss- oder Bachufern, und sanft über ihre Seiten zu streicheln, wodurch sie in einen tranceähnlichen Zustand geraten. Sobald der Fisch ruhig und entspannt ist, können Sie ihn schnell greifen und aus dem Wasser heben. Diese Methode erfordert viel Geduld und Übung, kann aber in bestimmten Situationen überraschend effektiv sein.

Auch improvisierte Netze lassen sich aus Naturmaterialien herstellen. Wenn Sie Zugang zu Ranken, Gräsern oder Stoffstreifen haben, können Sie diese zu einem einfachen Netz verweben. Suchen Sie dazu lange Stränge aus flexiblem

Material und binden Sie diese zu einem Gitter zusammen. Die Öffnungen sollten groß genug sein, damit Wasser hindurchfließen kann, aber klein genug, um Fische zu fangen. Anschließend können Sie das Netz über eine schmale Stelle eines Flusses oder Sees spannen und darauf warten, dass Fische hineinschwimmen. Während die Herstellung von Netzen mehr Aufwand erfordert, können sie mehrere Fische gleichzeitig fangen und sind eine großartige langfristige Lösung für die Lebensmittelbeschaffung.

Mit ein wenig Einfallsreichtum und Wissen ist Angeln ohne moderne Werkzeuge durchaus möglich. Handleinen, Fischfallen, Speerfischen und improvisierte Netze sind wertvolle Techniken, die in Überlebenssituationen eingesetzt werden können. Diese Methoden erfordern zwar etwas Zeit und Übung, bieten aber eine zuverlässige Möglichkeit, in freier Wildbahn Nahrung zu sichern. Wenn Sie das Verhalten von Fischen verstehen und die Ressourcen um Sie herum nutzen, erhöhen sich Ihre

Erfolgschancen beim Angeln ohne herkömmliche Ausrüstung erheblich.

KAPITEL 8

Konservieren und Kochen von Lebensmitteln in Überlebenssituationen

Kochmethoden für draußen: Spießbraten und Grubenkochen

Beim Kochen im Freien, insbesondere in Überlebenssituationen, ist es wichtig, auf Methoden zu setzen, die nur minimale Ausrüstung erfordern und die in der Natur verfügbaren Ressourcen maximieren. Zwei traditionelle Techniken, die seit Jahrhunderten angewendet werden, sind das Braten am Spieß und das Kochen im Kern. Beide Methoden sind einfach, effektiv und können auf eine Vielzahl von Lebensmitteln angewendet werden, von Kleinwild und Fisch bis hin zu Knollen und Wurzeln. Schauen wir uns diese Techniken im

Detail an, einschließlich ihrer Funktionsweise und warum sie in Überlebenssituationen besonders nützlich sind.

Das Braten am Spieß ist eine der ältesten und einfachsten Methoden, Fleisch im Freien zuzubereiten. Beim Spießbraten wird in seiner Grundform ein Stück Fleisch oder ein ganzes Tier auf einen langen Stock oder eine Stange aufgespießt und langsam über dem offenen Feuer gedreht. Diese Methode eignet sich besonders gut für kleine bis mittelgroße Wildtiere wie Kaninchen, Vögel oder Fische, kann aber auch für größere Tiere verwendet werden, wenn ein ausreichend stabiler Spieß hergestellt werden kann.

Zum Spießbraten müssen Sie das Fleisch zunächst vorbereiten, indem Sie es säubern und ausnehmen, um sicherzustellen, dass es sicher gegart werden kann. Suchen Sie sich dann einen langen, stabilen Stock, vorzugsweise aus grünem Holz, der nicht so leicht verbrennt, und stechen Sie ihn durch den

Körper des Tieres. Der Stab muss lang genug sein, dass er weit über die Länge des Fleisches hinausragt, damit Sie ihn über dem Feuer halten können. Das grüne Holz ist ideal, da es der Hitze des Feuers länger standhalten kann, ohne dass es zu Flammen kommt.

Als nächstes erstellen Sie zwei gegabelte Stöcke oder „Y"-förmige Stützen, die den Spieß über dem Feuer halten. Stecken Sie diese Stöcke auf beiden Seiten Ihres Feuers fest in den Boden. Sobald das Fleisch am Spieß befestigt und über dem Feuer platziert ist, kommt es darauf an, den Spieß langsam und gleichmäßig zu drehen. Regelmäßiges Drehen des Spießes sorgt dafür, dass das Fleisch von allen Seiten gleichmäßig gegart wird und verhindert, dass es an einer Stelle anbrennt. Dieses langsame, gleichmäßige Garen sorgt dafür, dass das Fleisch durchgegart ist und eine schöne, knusprige Außenschicht hat, während es innen saftig bleibt.

Das Braten am Spieß funktioniert gut, weil die direkte Hitze des Feuers das Fleisch gart und beim Wenden das Fett vom Fleisch abtropft, sodass es nicht übermäßig fettig wird. Sie können dem Fleisch zusätzlichen Geschmack verleihen, indem Sie es mit Kräutern, Salz oder anderen Gewürzen einreiben, die Sie gerade zur Hand haben. In Überlebenssituationen können natürliche Gewürze wie Bärlauch, Rosmarin oder andere heimische Kräuter Ihrer Mahlzeit Geschmack verleihen.

Andererseits ist das Kochen in der Grube eine weitere alte Methode, die seit Jahrhunderten von verschiedenen Kulturen auf der ganzen Welt verwendet wird. Bei dieser Technik wird ein Loch in den Boden gegraben, es mit heißen Kohlen gefüllt und das Essen gekocht, indem man es in der erhitzten Erde vergräbt. Das Kochen in der Grube, auch „Erdofengaren" genannt, eignet sich besonders gut zum Garen von zäheren Fleischstücken, größerem Wild oder stärkehaltigem Wurzelgemüse, das einen längeren, langsameren Garvorgang benötigt, um zart und essbar zu werden.

Um mit dem Kochen in der Grube zu beginnen, müssen Sie ein Loch in den Boden graben. Die Größe der Grube hängt davon ab, wie viel Essen Sie kochen. Für eine kleine Menge Futter reicht normalerweise ein etwa 60 bis 90 cm tiefes und breites Loch aus. Sobald die Grube gegraben ist, machen Sie ein Feuer im Loch und lassen es so lange brennen, bis Sie genügend heiße Kohlen haben. Es ist wichtig, sicherzustellen, dass die Kohlen genügend Hitze erzeugen, denn nur so wird Ihr Essen gegart.

Sobald die Kohlen fertig sind, können Sie das Essen zubereiten. Wenn Sie Fleisch kochen, ist es eine gute Idee, es in große Blätter, wie Bananenblätter oder andere breite, ungiftige Blätter, einzuwickeln, um es vor Schmutz zu schützen und Feuchtigkeit zu speichern. Sie können auch eine Schicht sauberes Tuch oder, falls verfügbar, sogar Aluminiumfolie verwenden. Gemüse wie Kartoffeln, Yamswurzeln oder Karotten können Sie nach gründlicher Reinigung direkt auf die Kohlen legen.

Nachdem das Essen verpackt und fertig ist, legen Sie es in die Grube auf den heißen Kohlen. Decken Sie das Essen dann mit weiteren heißen Kohlen oder erhitzten Steinen ab. Füllen Sie abschließend die Grube mit Erde, um die Hitze im Inneren zu speichern, und verwandeln Sie die Grube im Wesentlichen in einen unterirdischen Ofen. Die eingeschlossene Hitze gart das Essen langsam von allen Seiten und macht es zart und aromatisch.

Das Kochen in der Grube ist besonders in Überlebenssituationen nützlich, da es nach dem Vorbereiten der Grube nur sehr wenig Aufmerksamkeit erfordert. Sie können das Essen kochen lassen, während Sie sich anderen Überlebensaufgaben widmen, z. B. dem Bau einer Unterkunft oder dem Sammeln weiterer Ressourcen. Die Garzeiten variieren je nach Größe des Garguts. Kleine Stücke wie Gemüse können in ein oder zwei Stunden fertig sein, während es bei größeren Fleischstücken mehrere Stunden oder sogar über Nacht dauern kann, bis sie vollständig gar sind.

Einer der Hauptvorteile des Grubengarens besteht darin, dass Sie damit zähes Fleisch zubereiten können, das nur schwer geröstet oder gekocht zu essen wäre. Die langsame, gleichmäßige Hitze des Erdofens zersetzt die Fasern im Fleisch und macht es zart und leicht zu kauen. Außerdem verleiht es den Speisen den rauchigen Geschmack der Kohlen und verleiht ihnen so einen reichhaltigen und sättigenden Geschmack.

Neben dem Grillen am Spieß und dem Grillen im Kern können Sie auch das Kochen auf heißen Steinen als eine weitere nützliche Outdoor-Methode nutzen. Dabei werden flache Steine im Feuer erhitzt und zum Garen von Speisen verwendet. Sobald die Steine heiß sind, können Sie sie auf den Boden oder direkt auf das Essen legen. Flache Steine eignen sich besonders gut zum Garen von Fisch oder dünnen Fleischscheiben, die direkt auf die erhitzte Oberfläche gelegt werden können. Diese Methode funktioniert schnell und ist besonders nützlich, wenn Sie Speisen schnell zubereiten müssen.

Das Kochen im Freien mag auf den ersten Blick eine Herausforderung sein, aber mit ein wenig Übung werden diese Techniken zur zweiten Natur. Ganz gleich, ob Sie Fleisch am Spieß über offener Flamme braten, Speisen langsam in einer Erdgrube garen oder Ihre Mahlzeit mit heißen Steinen braten – diese Methoden bieten effektive Möglichkeiten, nahrhaftes Essen in Überlebenssituationen zuzubereiten. Der Schlüssel liegt darin, zu verstehen, wie Sie die natürlichen Ressourcen um Sie herum nutzen und diese Methoden an die jeweilige Situation anpassen können.

In Überlebensszenarien ist die Fähigkeit, Lebensmittel sicher und effizient zuzubereiten, entscheidend für den Erhalt von Energie und Gesundheit. Rohe oder unzureichend gegarte Lebensmittel können schädliche Bakterien beherbergen, weshalb diese Techniken, die die Lebensmittel gründlich garen, von unschätzbarem Wert sind. Ganz gleich, ob Sie versuchen, das Beste aus Kleinwild herauszuholen oder einfach nur das Wurzelgemüse, das Sie gesammelt haben, kochen, diese bewährten Methoden helfen Ihnen dabei, das Beste aus Ihrer Nahrung in freier Wildbahn herauszuholen.

Sowohl das Braten am Spieß als auch das Kochen in der Grube bieten praktische und effektive Möglichkeiten, im Freien und beim Überleben zu kochen. Sie verbrauchen nur minimale Ressourcen und verlassen sich auf Feuer, Erde und natürliche Materialien, die normalerweise leicht zu finden sind. Mit etwas Übung und den richtigen Bedingungen können diese Methoden den Unterschied zwischen einer warmen, sättigenden

Mahlzeit und einem schwierigen Erlebnis in der Wildnis ausmachen.

Fleisch und Fisch konservieren: Trocknen, Räuchern und Salzen

Die Konservierung von Fleisch und Fisch ist eine entscheidende Fähigkeit für das langfristige Überleben. Ganz gleich, ob Sie sich in der Wildnis aufhalten oder sich auf eine Notsituation vorbereiten: Die Fähigkeit, Lebensmittel über einen längeren Zeitraum sicher zum Verzehr aufzubewahren, kann den Unterschied zwischen Erfolg und Mühe ausmachen. Drei Hauptmethoden zur Konservierung von Fleisch und Fisch sind Trocknen, Räuchern und Salzen. Jede Methode dient dem wesentlichen Zweck, den Lebensmitteln Feuchtigkeit zu entziehen, wodurch das Wachstum von Bakterien und Schimmel verhindert wird. Wenn Sie verstehen, wie Sie diese Methoden effektiv anwenden, können Sie Ihre Überlebenschancen erheblich erhöhen, indem Sie die Haltbarkeit Ihrer Lebensmittel verlängern.

Das Dörren von Fleisch und Fisch ist eine der einfachsten und ältesten Konservierungsmethoden. Indem Sie Feuchtigkeit entfernen, machen Sie das Essen weniger anfällig für Bakterien, die zum Wachstum auf Wasser angewiesen sind. Um Fleisch oder Fisch zu trocknen, müssen Sie sie in dünne Streifen schneiden, was den Trocknungsprozess beschleunigt. Für Fleisch verwenden Sie am besten mageres Fleisch, da Fett nicht gut trocknet und schneller verderben kann. Fisch kann ausgenommen und in dünne Scheiben filetiert werden, um ihn effizienter zu trocknen.

Zum Trocknen von Fleisch oder Fisch benötigen Sie eine warme, trockene und möglichst luftige Umgebung. Eine Möglichkeit zum Trocknen besteht darin, die Streifen auf ein Gestell zu legen oder sie an einer Leine in direktem Sonnenlicht aufzuhängen. Dies funktioniert am besten in trockenen Klimazonen, in denen die Sonne Feuchtigkeit schnell verdunsten lässt. Es ist wichtig, die Lebensmittel mit einem Netz oder einer anderen Schutzhülle abzudecken, um Insekten und Tiere fernzuhalten. Die Trocknungszeit hängt von der Dicke des Fleisches oder Fisches, der Temperatur und der Luftfeuchtigkeit ab. Im Allgemeinen dauert es jedoch mehrere Tage, bis die Lebensmittel vollständig getrocknet sind.

Eine andere Methode zum Trocknen von Fleisch und Fisch ist die Verwendung geringer Hitze, beispielsweise über einem Feuer. In diesem Fall können Sie die Lebensmittelstreifen auf einem Gestell in der Nähe des Feuers aufhängen, jedoch nicht direkt darüber. Die Hitze hilft dabei, die Feuchtigkeit zu verdampfen, ohne dass das Essen gar wird. Achten Sie darauf, dass Fleisch oder Fisch nicht zu nahe an die Flamme kommen, da dies zu einem Anbrennen oder ungleichmäßigen Garen führen kann. Sobald die Lebensmittel richtig getrocknet sind, werden sie hart und spröde. Dieses getrocknete Fleisch oder dieser getrocknete Fisch kann dann an einem kühlen, trockenen Ort gelagert werden und ist wochen- oder sogar monatelang haltbar, was ihn zu einer zuverlässigen Nahrungsquelle in Überlebenssituationen macht.

Räuchern ist eine weitere hervorragende Methode zum Konservieren von Fleisch und Fisch und verleiht den Speisen einen reichhaltigen, rauchigen Geschmack. Wie beim Trocknen wird dem Fleisch beim Räuchern die Feuchtigkeit entzogen, aber der Rauch selbst bietet auch eine zusätzliche Schutzschicht, indem er eine bakterienfeindliche Umgebung schafft. Es gibt zwei Hauptarten des Räucherns: Kalträuchern und Heißräuchern.

Beim Kalträuchern wird das Fleisch oder der Fisch in eine Räucherei oder einen Räucherofen gehängt, wo die Temperatur relativ niedrig bleibt, typischerweise zwischen 70 °F und 90 °F (21 °C bis 32 °C). Das Essen wird über mehrere Stunden oder sogar Tage dem Rauch ausgesetzt, wodurch ihm langsam Feuchtigkeit entzogen wird, ohne dass das Essen gar wird. Diese Methode erfordert mehr Zeit, führt aber zu einem Produkt, das länger haltbar ist, insbesondere in Kombination mit Salzen oder Pökeln.

Beim Heißräuchern hingegen wird das Essen beim Räuchern gegart. Dies geschieht bei höheren Temperaturen, normalerweise zwischen 150 °F und 200 °F (65 °C bis 93 °C). Das Heißräuchern nimmt weniger Zeit in Anspruch als das Kalträuchern, aber ohne Kühlung sind Fleisch oder Fisch nicht so lange haltbar. Für die kurzfristige Konservierung und den sofortigen Verzehr ist das Heißräuchern jedoch eine wirksame und geschmacksintensive Methode.

Um Fleisch oder Fisch zu räuchern, bereiten Sie zunächst ein Feuer aus Hartholz wie Eiche, Hickory oder Obsthölzern wie Apfel oder Kirsche vor. Vermeiden Sie Weichhölzer wie Kiefer oder Tanne, da diese harzigen Rauch erzeugen, der dazu führen kann, dass das Essen schlecht schmeckt. Sobald das Feuer heruntergebrannt ist und ein Bett aus heißen Kohlen entsteht, geben Sie das Holz zum Räuchern hinzu und legen Sie Ihr Essen in einen Räucherofen oder über einen einfachen Rahmen, der es dem Rauch ermöglicht, um das Essen herum zu zirkulieren. Stellen Sie sicher, dass das Essen hoch genug über dem Feuer steht, damit es nicht zu schnell gart. Die Räucherzeit variiert je nach Größe und Dicke des Fleisches oder Fisches, oft dauert es jedoch mehrere Stunden, bis der richtige Konservierungsgrad erreicht ist.

Salzen ist eine der zuverlässigsten Methoden zur Lebensmittelkonservierung und wird seit Jahrhunderten eingesetzt, insbesondere in Gegenden, in denen keine Kühlung verfügbar war. Salz entzieht dem Fleisch oder Fisch durch einen Prozess namens Osmose Feuchtigkeit, wodurch verhindert wird, dass Bakterien wachsen und das Essen verderben. Es gibt zwei Möglichkeiten, Lebensmittel mit Salz haltbar zu machen: Trockensalzen und Pökeln.

Beim Trockensalzen werden große Mengen Salz direkt auf das Fleisch oder den Fisch gerieben. Das Salz dringt in die Lebensmittel ein, entzieht ihnen Feuchtigkeit und bildet eine Schutzbarriere gegen Bakterien. Bedecken Sie dazu das Essen vollständig mit Salz und achten Sie darauf, dass es auch in alle Ritzen gelangt. Anschließend wird das gepökelte Fleisch oder der gepökelte Fisch mehrere Tage an einem kühlen, trockenen Ort gelagert. Anschließend können Sie das überschüssige Salz abbürsten und schon sind die Lebensmittel bereit für die Lagerung. Gesalzenes Fleisch kann bei richtiger Lagerung monatelang haltbar sein und ist daher eine unverzichtbare Methode zur Langzeitkonservierung.

Eine weitere Möglichkeit, Salz zum Konservieren von Lebensmitteln zu verwenden, ist das Pökeln. Dabei wird das Fleisch oder der Fisch in eine Mischung aus Wasser und Salz getaucht. Die Solelösung besteht normalerweise aus etwa einer Tasse Salz pro Gallone Wasser. Diese salzige Flüssigkeit schafft eine Umgebung, in der Bakterien nicht gedeihen können. Das Fleisch oder der Fisch wird in die Salzlake gelegt und dort je nach Größe und Dicke des Lebensmittels mehrere Tage ruhen gelassen. Nach dem Salzen können die Lebensmittel getrocknet oder geräuchert werden, um sie noch länger haltbar zu machen.

In Überlebenssituationen kann Salzen lebensrettend sein, insbesondere wenn Sie Zugang zu großen Mengen Salz haben. Das konservierte Fleisch oder der konservierte Fisch kann verpackt und mitgenommen werden und stellt so eine wichtige Proteinquelle für Wochen oder sogar Monate dar. Wenn es Zeit ist, das gesalzene Essen zu essen, ist es eine gute Idee, es vor dem Kochen oder Verzehr einige Stunden in Wasser einzuweichen, um einen Teil des Salzes zu entfernen, da es sonst sehr salzig sein kann.

Durch die Kombination dieser Methoden (Trocknen, Räuchern und Salzen) können die Lebensmittel noch besser geschützt werden.

Beispielsweise können Sie das Fleisch zunächst salzen, dann trocknen oder salzen und räuchern. Diese kombinierten Methoden tragen dazu bei, dass die Nahrung noch länger haltbar ist und bieten eine zuverlässige Nahrungsquelle bei längeren Überlebensszenarien.

Beim Konservieren von Fleisch und Fisch durch Trocknen, Räuchern und Salzen geht es nicht nur darum, Lebensmittel länger genießbar zu halten; Es geht darum sicherzustellen, dass Sie Zugang zu lebenswichtigen Nährstoffen haben, wenn andere Nahrungsquellen knapp sind. In der Wildnis oder im Notfall können Sie mit diesen Methoden Lebensmittel ohne Kühlung lagern, Abfall reduzieren und die verfügbaren Ressourcen optimal nutzen. Wenn Sie diese Techniken beherrschen, erhöhen Sie Ihre Überlebenschancen und stellen sicher, dass Sie in schwierigen Zeiten über den nötigen Lebensunterhalt verfügen, um weiterzumachen.

Wildlebensmittel haltbar machen: Dehydrierungs- und Fermentationstechniken

Dehydrierung und Fermentation sind zwei altehrwürdige Techniken zur Konservierung wildlebender Lebensmittel. Diese Methoden sind besonders wertvoll in Überlebenssituationen, in denen eine dauerhafte Nahrungsversorgung unerlässlich ist. Bei der Dehydrierung wird den Lebensmitteln Feuchtigkeit entzogen, um das Wachstum von Bakterien und Schimmel zu verhindern, während bei der Fermentation nützliche Bakterien eingesetzt werden, um Lebensmittel zu konservieren und ihren Nährwert zu erhöhen. Wenn Sie wissen, wie man Wildlebensmittel dehydriert und fermentiert, können Sie Ihre Fähigkeit, Lebensmittel für die zukünftige Verwendung aufzubewahren, erheblich verbessern, was diese Techniken zu überlebenswichtigen Fähigkeiten macht.

Die Dehydrierung ist eine der einfachsten und effektivsten Methoden zur Konservierung von Wildlebensmitteln. Es funktioniert, indem es den Wassergehalt aus der Nahrung eliminiert, wodurch das Wachstum von Bakterien, Hefen und Schimmel verhindert wird. Dieser Vorgang kann mit Obst, Gemüse, Pilzen, Kräutern und sogar einigen Gemüsesorten durchgeführt werden. Bei der Suche nach wildlebenden Lebensmitteln stoßen Sie möglicherweise auf Pflanzen wie Beeren, essbare Wurzeln oder Blätter, die alle für die zukünftige Verwendung dehydriert werden können.

Um wildlebende Lebensmittel zu dehydrieren, stellen Sie zunächst sicher, dass sie sauber und frei von Schmutz, Insekten oder anderen schädlichen Verunreinigungen sind. Obst und Gemüse sollten in dünne Scheiben geschnitten werden, um den Trocknungsprozess zu beschleunigen. Je dünner die Scheiben, desto schneller erfolgt die Austrocknung. Blattgemüse und Kräuter können Sie je nach verwendeter Methode entweder flach legen oder bündeln.

In der Wildnis ist die Sonnentrocknung die einfachste Form der Dehydrierung. Diese Methode erfordert warme, trockene und sonnige Bedingungen. Sie können Ihre wilden Esswaren auf eine ebene Fläche wie einen Stein oder einen behelfsmäßigen Wäscheständer legen und darauf achten, dass sie gleichmäßig verteilt sind und sich nicht überlappen. Es ist hilfreich, die Lebensmittel mit einem feinen Netz oder Tuch abzudecken, um Insekten fernzuhalten und gleichzeitig die Luftzirkulation zu ermöglichen. Die Dehydrierung in der Sonne kann je nach Wetterlage und Art der zu trocknenden Lebensmittel einige Stunden bis mehrere Tage dauern. Sie wissen, dass das Essen fertig ist, wenn es sich trocken und ledrig, aber nicht spröde anfühlt.

Eine andere Methode zur Dörrung ist das Trocknen von Lebensmitteln in der Nähe eines Feuers. Dies kann bei ungünstigeren Wetterbedingungen nützlich sein. Indem Sie die Lebensmittel aufhängen oder auf einem Gestell in der Nähe eines niedrigen, gleichmäßigen Feuers platzieren, können Sie ähnliche Ergebnisse wie beim Trocknen in der Sonne erzielen. Achten Sie nur darauf, dass das Essen nicht zu nah an den Flammen steht, denn Sie möchten nicht, dass es kocht oder anbrennt. Bei der Feuertrocknung ist in der Regel mehr Aufmerksamkeit erforderlich, um sicherzustellen, dass die Lebensmittel gleichmäßig getrocknet werden und nicht zu viel Hitze ausgesetzt werden.

Um ihre Qualität zu erhalten, sollten getrocknete Wildlebensmittel ordnungsgemäß gelagert werden. Sobald die Lebensmittel vollständig getrocknet sind, legen Sie sie in luftdichte Behälter, wie z. B. Gläser oder versiegelte Beutel. Wenn Sie in einer Überlebenssituation keinen Zugang zu Gläsern haben, können Sie die Lebensmittel in fest eingewickelten Tüchern oder leichten Behältern aufbewahren, die sie vor Feuchtigkeit schützen.

Bewahren Sie die Lebensmittel an einem kühlen, trockenen Ort ohne direkte Sonneneinstrahlung auf. Dehydrierte wildlebende Lebensmittel können mehrere Monate haltbar sein und bieten Ihnen eine zuverlässige Nahrungsquelle für das langfristige Überleben.

Die Fermentation ist eine weitere wirksame Methode zur Konservierung von Wildlebensmitteln, insbesondere wenn Sie Zugang zu bestimmten Obst-, Gemüse- oder Wurzelarten haben, die sich für diesen Prozess eignen. Im Gegensatz zur Dehydrierung ist bei der Fermentation kein Wasserentzug erforderlich. Stattdessen nutzt es die natürliche Wirkung von Bakterien, um das Nährwertprofil der Lebensmittel zu bewahren und sogar zu verbessern. Bei richtiger Durchführung kann die Fermentation die Haltbarkeit Ihrer Lebensmittel verlängern und Sie mit wichtigen Nährstoffen, insbesondere Probiotika, versorgen, die die Verdauung unterstützen und Ihr Immunsystem stärken.

Der Fermentationsprozess ermöglicht es natürlich vorkommenden Bakterien wie Laktobazillen, den Zucker in der Nahrung in Milchsäure umzuwandeln. Diese Säure schafft eine Umgebung, die das Wachstum schädlicher Bakterien verhindert und gleichzeitig die Lebensmittel konserviert. In einer Überlebensumgebung können Wildpflanzen wie Kohl (sofern Sie eine Wildsorte finden), Wurzeln oder sogar bestimmte Früchte fermentiert werden.

Um Wildlebensmittel zu fermentieren, benötigen Sie eine Salzlake. Diese Lösung besteht typischerweise aus Wasser und Salz, wobei die Salzmenge von der Art des Lebensmittels abhängt. Als allgemeine Regel gilt, einen Esslöffel Salz pro zwei Tassen Wasser zu verwenden. Sobald Ihre Salzlake fertig ist, tauchen Sie Ihre wilden Esswaren vollständig in die Lösung. Sie können Steine oder andere schwere Gegenstände verwenden, um die Lebensmittel unter der Salzlake zu halten. Es ist wichtig, dass die Lebensmittel untergetaucht bleiben, um zu verhindern, dass sie der Luft ausgesetzt werden, was zu Schimmel oder Verderb führen könnte.

Die Fermentation erfolgt bei Raumtemperatur, typischerweise über einen Zeitraum von einigen Tagen bis mehreren Wochen, abhängig von der Art des Lebensmittels. Beispielsweise kann Blattgemüse oder Kohl in etwa drei bis sieben Tagen gären, während Wurzelgemüse möglicherweise länger braucht. Es ist wichtig, die Lebensmittel regelmäßig zu überprüfen und sicherzustellen, dass sich auf der Oberfläche kein Schimmel bildet. Sobald die Fermentation abgeschlossen ist, hat das Essen einen würzigen, leicht säuerlichen Geschmack, ein Zeichen dafür, dass der Prozess erfolgreich war.

Fermentierte Wildlebensmittel sollten an einem kühlen Ort gelagert werden, um ihre Haltbarkeit zu verlängern. Wenn Sie Zugang zu einer Kühlung haben, ist das ideal, aber in einer Überlebenssituation können Sie sie an einem kühlen, schattigen Ort oder sogar unter der Erde lagern, um sie frisch zu halten. Fermentierte Lebensmittel können mehrere Monate oder sogar länger haltbar sein und stellen eine wertvolle Nährstoffquelle für das Überleben dar.

Die Kombination aus Dehydrierung und Fermentation kann für die Konservierung verschiedener Wildlebensmittel äußerst effektiv sein. Sie können beispielsweise Kräuter und Gemüse dehydrieren, während Sie Wurzelgemüse oder Früchte fermentieren. Diese Vielfalt an Konservierungstechniken stellt sicher, dass Ihnen eine Mischung an Lebensmitteln zur Verfügung steht, von getrockneten, leichten Optionen, die leicht zu transportieren sind, bis hin zu nährstoffreichen fermentierten Lebensmitteln, die gesundheitliche Vorteile bieten.

Die Lagerung von Wildlebensmitteln für den langfristigen Gebrauch ist überlebenswichtig. Dehydrierte Lebensmittel sollten in luftdichten Behältern aufbewahrt oder sicher verpackt werden, um sie vor Feuchtigkeit, Insekten und anderen Verunreinigungen zu schützen. Fermentierte Lebensmittel sollten in verschlossenen Behältern in einer kühlen Umgebung gelagert werden, um ein Verderben zu verhindern. In beiden Fällen trägt die richtige Lagerung dazu bei, dass Ihre konservierten Wildlebensmittel monatelang haltbar sind und Sie in einer Überlebenssituation über eine stabile Nahrungsversorgung verfügen.

Neben der längeren Haltbarkeit von Wildlebensmitteln verbessern sowohl Dehydrierung als auch Fermentation den Nährstoffgehalt Ihrer Lebensmittel. Durch Dehydrierung werden die Vitamine und Mineralien in Obst und Gemüse konzentriert, wodurch diese nährstoffreicher werden. Durch die Fermentation hingegen entstehen Probiotika, die einen gesunden Darm und ein gesundes Immunsystem unterstützen. In einer Überlebenssituation kann der Zugang zu diesen Nährstoffen entscheidend sein und Ihnen dabei helfen, Ihre Kraft und allgemeine Gesundheit zu erhalten.

Die Beherrschung dieser Techniken zur Konservierung von Wildlebensmitteln durch Dehydrierung und Fermentation kann Ihre Überlebenschancen in der Wildnis erheblich erhöhen. Durch die Entfernung von Feuchtigkeit oder den Einsatz nützlicher Bakterien können Sie Lebensmittel langfristig lagern und so eine stetige Versorgung mit Nährstoffen sicherstellen, wenn frische Lebensmittel knapp sind. Mit etwas Übung können Sie diese Methoden beherrschen und so das Überleben in der Wildnis nicht nur möglich, sondern auch über längere Zeiträume nachhaltig gestalten.

KAPITEL 9

Unverzichtbare Werkzeuge und Ausrüstung für Überlebenskünstler

Aufbau eines Survival-Kits: Die unverzichtbare Ausrüstung für jede Situation

Der Aufbau einer Überlebensausrüstung ist eine der wichtigsten Vorbereitungen, die Sie für Notsituationen treffen können. Ein gut durchdachtes Kit enthält alle wichtigen Werkzeuge und Ausrüstungsgegenstände, die Sie benötigen, um Ihre Sicherheit zu gewährleisten, Unterkunft zu bieten, Zugang zu Nahrungsmitteln und Wasser zu erhalten und Erste-Hilfe-Bedürfnisse zu bewältigen. In jedem Überlebensszenario kann die richtige Ausrüstung über Leben und Tod entscheiden, insbesondere wenn man sich in der Wildnis befindet oder von modernen Ressourcen abgeschnitten ist.

Bei der Zusammenstellung Ihrer Überlebensausrüstung sollten Sie sich auf vier Schlüsselbereiche konzentrieren: Unterkunft, Nahrung, Wasser und Erste Hilfe. Diese wesentlichen Dinge helfen Ihnen, am Leben und gesund zu bleiben, während Sie eine Notsituation meistern.

Schutz ist eines der dringendsten Bedürfnisse in einer Überlebenssituation, insbesondere wenn Sie rauen Wetterbedingungen wie Regen, Kälte oder extremer Hitze ausgesetzt sind. Ein leichter, tragbarer Unterschlupf wie eine Plane oder ein Notfall-Biwaksack kann Sie vor den Elementen schützen. Planen lassen sich leicht zusammenfalten und in Ihre Ausrüstung packen und sind vielseitig einsetzbar, um provisorische Unterstände wie Unterstände oder A-Rahmen zu schaffen. Notfall-Biwaksäcke aus wärmereflektierendem

Material können Sie warm halten, indem sie Ihre Körperwärme im Inneren einschließen. Ein weiteres wichtiges Element für den Schutz ist eine hochwertige Überlebensdecke oder Rettungsdecke, die kompakt, leicht und äußerst effektiv bei der Wärmespeicherung ist.

Nehmen Sie neben einem Schutzgegenstand auch ein starkes, haltbares Seil oder Paracord in Ihre Überlebensausrüstung auf. Paracord ist besonders nützlich, da es zum Sichern eines Unterschlupfs, zum Aufhängen von Lebensmitteln, zum Bau von Fallen oder sogar zur Durchführung von Reparaturen verwendet werden kann. Es ist leicht, aber stabil, mit vielen Strängen im Inneren, die für verschiedene Zwecke getrennt werden können.

Ein weiteres wichtiges Werkzeug zum Schutz und Überleben ist ein zuverlässiges Schneidwerkzeug, wie zum Beispiel ein Messer mit feststehender Klinge. Ein robustes Messer ist zum Schneiden von Holz, zum Herstellen von Werkzeugen, zum

Zubereiten von Speisen und zum Ausführen einer Reihe von Aufgaben unerlässlich. In manchen Fällen benötigen Sie es möglicherweise, um Anzündholz für ein Feuer herzustellen, Pfähle für Ihren Unterschlupf zu schnitzen oder Wild zu verarbeiten. Suchen Sie nach Messern mit Vollerl (wobei die Klinge durch den gesamten Griff reicht), da diese im Allgemeinen stärker und langlebiger sind.

Kommen wir zum Essen: Ihre Überlebensausrüstung sollte Werkzeuge und Vorräte enthalten, die Ihnen bei der Beschaffung oder Zubereitung von Lebensmitteln helfen. Packen Sie energiereiche, haltbare Lebensmittel wie Proteinriegel, Nüsse oder Trockenfrüchte ein. Diese liefern Ihnen eine schnelle Kalorienquelle, wenn Sie nicht sofort wilde Nahrungsquellen finden können. Es ist jedoch auch wichtig, Werkzeuge zu haben, die Ihnen bei der Nahrungsbeschaffung in der Wildnis helfen, wie etwa eine Angelausrüstung oder Kleinwildschlingen.

Ein Angelset kann nur ein paar Haken, Senkblei und Angelschnur enthalten. Dieses leichte Set kann für den Fischfang von entscheidender Bedeutung sein, wenn Sie sich in der Nähe eines Gewässers befinden. Kleinwildschlingen können Ihnen auch dabei helfen, Tiere wie Kaninchen oder Eichhörnchen zu fangen. Sie können auch ein paar Meter Draht oder Schnur zum Aufstellen von Fallen beifügen. Ein kleines Multitool mit Zange, Schere und anderen Funktionen eignet sich auch zum Reparieren von Ausrüstung, zum Zubereiten von Speisen oder sogar als Ersatz für Ihr Hauptmesser.

Wasser ist überlebenswichtig und sauberes Trinkwasser ist lebenswichtig. Packen Sie in ein Überlebensset Werkzeuge ein, die Ihnen helfen, an Wasser zu gelangen und es zu reinigen. Zum Auffangen und Kochen von Wasser ist ein Metallbehälter oder eine Wasserflasche erforderlich, um schädliche Bakterien und Parasiten abzutöten. Kochendes Wasser ist eine der zuverlässigsten

Reinigungsmethoden, und mit einem feuerfesten Behälter können Sie dies schnell tun.

Neben einem Behälter zum Kochen sind Wasserreinigungstabletten oder ein kleiner tragbarer Wasserfilter unverzichtbare Bestandteile Ihrer Ausrüstung. Wasserreinigungstabletten sind leicht und einfach zu verwenden und können mehrere Liter Wasser auf einmal aufbereiten. Mit tragbaren Filtern, beispielsweise von Marken wie LifeStraw, können Sie direkt aus Bächen oder Seen trinken, ohne sich Gedanken über Verunreinigungen machen zu müssen. Diese Filter entfernen Bakterien, Protozoen und andere Mikroorganismen, die Krankheiten verursachen können.

Ein weiteres gutes Zubehör für Wasser ist ein zusammenklappbarer Wasserbeutel. Dies kann Ihnen helfen, zusätzliches Wasser zu speichern, was besonders nützlich ist, wenn Sie sich von einer Wasserquelle entfernen oder Ihr gereinigtes Wasser aufbewahren müssen.

Erste Hilfe ist der nächste kritische Bereich für jede Überlebensausrüstung. Verletzungen können jederzeit auftreten, und die Vorbereitung auf die Behandlung ist der Schlüssel zur Vorbeugung von Infektionen oder einer Verschlechterung des Zustands. Beginnen Sie mit einem einfachen Erste-Hilfe-Set, das Pflaster, sterile Gaze, antiseptische Tücher und Klebeband enthält. Sie können auch Schmerzmittel wie Ibuprofen und Antihistaminika bei allergischen Reaktionen hinzufügen.

Packen Sie bei schwereren Verletzungen Gegenstände wie ein Tourniquet, einen Druckverband und sterile Handschuhe ein. Ein Tourniquet kann starke Blutungen aus einer schweren Wunde stoppen, während ein Druckverband bei mäßigen Blutungen und Verletzungen hilft, die mehr als nur einen Verband benötigen. Sterile Handschuhe verhindern die

Ausbreitung von Infektionen bei der Behandlung offener Wunden.

Es ist auch eine gute Idee, eine Notfallpfeife in Ihren Erste-Hilfe-Bereich aufzunehmen. Dieses Tool kann Ihnen dabei helfen, über große Entfernungen Hilfe anzurufen, wenn Sie verloren gehen oder verletzt sind. Auch ein kleiner Spiegel zur Signalisierung von Sonnenlicht oder eine kompakte Taschenlampe sind praktisch für die Kommunikation oder Navigation im Dunkeln.

Eine kleine Rolle Klebeband sollte ebenfalls Teil Ihrer Ausrüstung sein. Klebeband ist unglaublich vielseitig und kann zum Flicken von Ausrüstung, zum Anlegen von Verbänden, zum Abdichten von Schutzmaterialien oder sogar für schnelle Reparaturen an Schuhen oder Kleidung verwendet werden. Da es so flexibel und stark ist, kann es in Überlebenssituationen nahezu endlos eingesetzt werden.

Feuer ist ein weiteres wichtiges Überlebensinstrument. Ein guter Feueranzünder, wie wasserfeste Streichhölzer, ein Eisenstab oder ein Feuerzeug, sollte in Ihrer Ausrüstung enthalten sein. Feuer ist nicht nur zum Wärmen und Kochen wichtig, sondern auch zum Signalisieren, Reinigen von Wasser und zum Fernhalten wilder Tiere. Insbesondere Ferrostäbe sind auch bei Nässe langlebig und zuverlässig.

Wenn es der Platz zulässt, packen Sie ein kleines Überlebenshandbuch oder eine Referenzkarte in Ihre Ausrüstung ein. Diese Ressource kann Hinweise zu Überlebenstechniken, Pflanzenidentifizierung und Erste-Hilfe-Maßnahmen geben. Selbst wenn Sie über Überlebenswissen verfügen, kann eine schriftliche Referenz dabei helfen, Ihr Gedächtnis aufzufrischen oder Sie in unbekanntes Terrain zu führen.

Denken Sie daran, Ihre Ausrüstung in einen robusten, wasserdichten Behälter oder Rucksack zu packen. Dadurch wird sichergestellt, dass Ihre Werkzeuge und Vorräte trocken und geschützt bleiben, insbesondere in rauen Umgebungen. Ein Rucksack mit Fächern macht es einfacher, Ihre Gegenstände zu organisieren und bei Bedarf schnell darauf zuzugreifen.

Durch die sorgfältige Auswahl der richtigen Werkzeuge und Ausrüstung bietet Ihnen Ihre Überlebensausrüstung die Möglichkeit, sicher zu bleiben, Zugang zu Nahrungsmitteln und Wasser zu haben, sich vor den Elementen zu schützen und alle medizinischen Bedürfnisse zu erfüllen. Mit der richtigen Ausrüstung sind Sie besser auf jeden Notfall vorbereitet, sei es in der Wildnis, bei einer Naturkatastrophe oder bei der Bewältigung unerwarteter Situationen.

Messer, Äxte und Multitools: Die richtigen Werkzeuge auswählen

Die Wahl der richtigen Messer, Äxte und Multitools ist für die Vorbereitung auf das Überleben in der Wildnis von entscheidender Bedeutung. Jedes Werkzeug dient einem einzigartigen Zweck, und wenn Sie wissen, wie Sie es auswählen und effektiv einsetzen, können Sie Ihre Erfolgschancen in einer Überlebenssituation erheblich verbessern. Ganz gleich, ob Sie Holz schneiden, Essen zubereiten, Unterkünfte bauen oder Werkzeuge herstellen, zuverlässige und langlebige Ausrüstung ist von entscheidender Bedeutung.

Messer gehören zu den vielseitigsten und unverzichtbarsten Werkzeugen in Überlebenssituationen. Ein gutes Überlebensmesser sollte langlebig, scharf und über einen längeren Zeitraum angenehm zu verwenden sein. Bei der Auswahl eines Messers ist es wichtig, eines mit feststehender Klinge zu wählen. Messer mit feststehender Klinge sind robuster und zuverlässiger als Klappmesser, da es keine beweglichen Teile gibt, die bei Belastung brechen können. Die Klinge sollte einen Vollerl haben, was bedeutet, dass die Klinge durch den gesamten Griff reicht. Dieses Design stellt sicher, dass das Messer stark ist und starker Beanspruchung standhält, ohne zu brechen.

Die Länge der Klinge ist ein weiterer zu berücksichtigender Faktor. Eine Klingenlänge von 4 bis 6 Zoll ist im Allgemeinen ideal für Überlebenszwecke, da sie ein gutes Gleichgewicht zwischen Kontrolle und Kraft bietet. Kürzere Klingen sind einfacher zu handhaben und eignen sich gut für heikle Aufgaben wie das Schnitzen oder Schneiden kleinerer Gegenstände. Längere Klingen eignen sich für schwerere Aufgaben wie das Hacken von Holz oder das Schlagen mit Schlagstöcken (Holz spalten, indem man mit einem schweren Gegenstand auf die Rückseite der Klinge schlägt). Allerdings kann ein zu großes Messer schwer zu kontrollieren sein und für feine Arbeiten weniger effektiv sein.

Auch die Form der Klinge spielt eine Rolle. Eine Drop-Point-Klinge ist eine beliebte Wahl für Überlebensmesser, da sie über eine starke, dicke Spitze verfügt, die sich ideal zum Durchstechen und für allgemeine Aufgaben eignet. Die Krümmung der Klinge ermöglicht ein effizientes Schneiden und Schneiden, was sie nützlich für die Zubereitung von Speisen, die Herstellung von Werkzeugen und andere Aufgaben in der Wildnis macht. Gezahnte Kanten können nützlich sein, um härtere Materialien wie Seile oder faserige Pflanzen zu durchtrennen, aber eine gerade Kante lässt sich im Feld im Allgemeinen leichter schärfen und pflegen.

Ein guter Messergriff sollte einen guten Halt bieten, insbesondere bei nassen oder rutschigen Bedingungen. Griffe aus Materialien wie Gummi oder strukturierten Kunststoffen bieten hervorragenden Halt und Haltbarkeit. Vermeiden

Sie zu glatte Griffe, da diese beim Gebrauch aus der Hand rutschen könnten. Stellen Sie außerdem sicher, dass der Griff über einen längeren Zeitraum bequem zu halten ist, um eine Ermüdung der Hände zu vermeiden.

Äxte sind ein weiteres wichtiges Werkzeug zum Überleben, insbesondere wenn Sie schwerere Aufgaben wie das Hacken von Holz für ein Feuer oder einen Unterschlupf erledigen müssen. Eine Überlebensaxt sollte leicht und leicht zu tragen sein, aber dennoch robust genug, um anspruchsvolle Arbeiten zu bewältigen. Berücksichtigen Sie bei der Auswahl einer Axt die Größe und das Gewicht. Ein kleineres Beil oder eine kleinere Campingaxt lässt sich leichter transportieren und für Aufgaben wie das Spalten kleiner Baumstämme, das Schneiden von Ästen oder sogar das Einschlagen von Zeltpfählen in den Boden verwenden. Größere Äxte sind zwar effektiver zum Hacken großer Baumstämme, können aber in einer Überlebenssituation umständlich zu tragen sein, daher ist ein kompaktes Beil oft die bessere Wahl für Rucksacktouren oder das Überleben in der Wildnis.

Für die Haltbarkeit ist das Material des Axtkopfes wichtig. Suchen Sie nach einer Axt mit einem Kopf aus Kohlenstoffstahl oder Edelstahl, da diese Materialien Festigkeit bieten und resistent gegen Rost und Verschleiß sind. Die Kante sollte scharf sein und über längere Zeiträume halten können. Es ist auch eine gute Idee, ein Schärfwerkzeug bei sich zu haben, um die Schärfe der Klinge über einen längeren Zeitraum beizubehalten.

Der Stiel der Axt sollte stabil und angenehm zu halten sein. Holzgriffe bieten eine gute Stoßdämpfung beim Hacken, können jedoch bei unsachgemäßer Pflege zu Rissen neigen. Griffe aus Glasfaser oder Verbundwerkstoff sind langlebiger und widerstandsfähiger gegenüber Witterungseinflüssen, was sie zu einer besseren Wahl für raue Bedingungen macht.

Neben Messern und Äxten sind Multitools aufgrund ihrer Vielseitigkeit in Überlebenssituationen äußerst nützlich. Ein Multitool vereint mehrere Werkzeuge in einem kompakten Design, darunter häufig Zangen, Scheren, Schraubendreher, Sägen und mehr. Multitools eignen sich ideal zum Ausführen kleinerer Aufgaben wie Schneiden, Reparieren von Ausrüstung, Öffnen von Dosen oder sogar zum Herstellen einfacher Fallen und Angelausrüstung.

Achten Sie bei der Wahl eines Multitools auf eines, das aus hochwertigen Materialien wie Edelstahl gefertigt ist. Das Werkzeug sollte langlebig sein und der Beanspruchung durch den Einsatz im Freien standhalten. Stellen Sie sicher, dass es über eine gute Funktionsvielfalt verfügt, die Ihren spezifischen Bedürfnissen in der Wildnis entspricht. Zangen, Drahtschneider und eine kleine Säge sind in Überlebenssituationen besonders nützlich, da sie bei Reparaturen, beim Durchtrennen harter

Materialien und beim Bau von Unterkünften hilfreich sein können.

Größe und Gewicht sind wichtige Faktoren bei Multitools. Sie möchten etwas, das kompakt genug ist, um es leicht zu transportieren, aber dennoch groß genug, um funktional zu sein. Ein zu kleines Werkzeug ist für bestimmte Aufgaben möglicherweise nicht praktisch, während ein zu großes Werkzeug sperrig sein und wertvollen Platz in Ihrer Ausrüstung beanspruchen kann.

Ein weiteres wichtiges Merkmal, auf das man bei Multitools achten sollte, ist ein Verriegelungsmechanismus. Viele Multitools verfügen über Klingen und Werkzeuge, die beim Gebrauch einrasten, was ein wichtiges Sicherheitsmerkmal darstellt. Ein arretierbares Werkzeug verhindert, dass die Klinge während des Gebrauchs in Ihre Hand zurückklappt, wodurch das Verletzungsrisiko verringert wird.

In einer Überlebenssituation müssen Sie oft kreativ sein und die Ihnen zur Verfügung stehenden Werkzeuge für mehrere Aufgaben nutzen. Beispielsweise kann ein Messer zur Essenszubereitung, zur Zunderherstellung, zur Herstellung von Werkzeugen oder sogar als Selbstverteidigungswaffe verwendet werden. Eine Axt kann als Hammer, Spaltwerkzeug oder als Methode zur Verarbeitung großer Mengen Brennholz dienen. Ein Multitool kann alles erledigen, vom Schneiden von Angelschnüren bis zur Reparatur kaputter Ausrüstung.

Es ist auch wichtig, Ihre Werkzeuge ordnungsgemäß zu warten, um sicherzustellen, dass sie lange halten. Messer und Äxte sollten immer scharf gehalten werden, denn stumpfe Klingen erfordern mehr Kraft beim Einsatz, was die Unfallgefahr erhöhen kann. Tragen Sie einen kleinen Schleifstein oder eine Feile bei sich, um die Kanten Ihrer Klingen regelmäßig auszubessern. Reinigen Sie Ihre Werkzeuge nach dem Gebrauch, insbesondere wenn sie mit Wasser, Lebensmitteln oder Pflanzenmaterial in Kontakt gekommen sind, um Rost und Abnutzung zu verhindern.

Wenn es um das Tragen dieser Werkzeuge geht, tragen viele Überlebenskünstler sie lieber am Gürtel, um sie leicht erreichen zu können. Messer werden häufig mit Scheiden geliefert, die am Gürtel oder Rucksack befestigt werden können, und viele Multitools verfügen über Clips oder Taschen zum einfachen Tragen. Stellen Sie sicher, dass Ihre Werkzeuge sicher befestigt sind, damit sie in der Wildnis nicht verloren gehen.

Die Wahl der richtigen Messer, Äxte und Multitools ist ein entscheidender Schritt bei der Vorbereitung auf Überlebenssituationen. Jedes Werkzeug hat spezifische Verwendungszwecke, aber zusammen bilden sie ein abgerundetes Set, das Ihnen dabei helfen kann, die Herausforderungen der Wildnis zu meistern. Ganz gleich, ob Sie einen Unterschlupf bauen, Essen zubereiten oder Brennholz schneiden:

Wenn Sie die richtigen Werkzeuge zur Hand haben, können Sie sich an die Natur anpassen und gedeihen.

DIY-Werkzeuge aus der Natur: Utensilien und Waffen improvisieren

Die Herstellung improvisierter Werkzeuge und Waffen aus natürlichen Materialien ist eine wesentliche Überlebensfähigkeit, insbesondere wenn moderne Werkzeuge nicht verfügbar sind. Die Natur bietet viele Ressourcen, die in nützliche Gegenstände für die Jagd, Verteidigung und alltägliche Aufgaben wie Essen oder Bauen umgewandelt werden können. Wenn Sie lernen, wie man diese Werkzeuge aus verfügbaren Materialien herstellt, können Sie Ihre Überlebenschancen in der Wildnis erheblich verbessern.

Um effektive Werkzeuge zu erstellen, müssen Sie zunächst die richtigen Materialien identifizieren und sammeln. Holz ist die vielseitigste natürliche Ressource zum Basteln. Suchen Sie nach

Harthölzern wie Eiche, Hickory oder Esche, da diese dicht und stark sind und sich daher ideal für Werkzeuge und Waffen eignen. Weichere Hölzer wie Kiefer oder Zeder können für weniger anspruchsvolle Aufgaben verwendet werden, sind jedoch nicht für Werkzeuge geeignet, die Festigkeit oder Haltbarkeit erfordern. Auch Steine, Knochen und Pflanzenfasern können verwendet werden, um die Funktionalität Ihrer improvisierten Werkzeuge zu verbessern.

Eines der einfachsten und nützlichsten Werkzeuge, die Sie herstellen können, ist ein Holzlöffel oder eine Holzgabel. Um diese Utensilien herzustellen, suchen Sie sich einen kleinen, stabilen Ast, der vorzugsweise etwa so dick wie Ihr Daumen und lang genug ist, um ihn bequem zu halten. Entfernen Sie die Rinde mit einem scharfen Stein oder Messer und schneiden Sie das Holz in die gewünschte Form. Schneiden Sie für einen Löffel eine flache Schale an einem Ende des Stocks aus und schaben Sie das Holz mit einem Stein ab. Teilen Sie bei einer Gabel das Ende des Stocks mit einem scharfen Werkzeug oder Stein in zwei oder drei Zinken und glätten Sie die Kanten, um Splitter zu vermeiden. Diese Utensilien helfen Ihnen, Speisen zuzubereiten und zu essen, ohne Ihre Hände direkt zu benutzen, was für eine bessere Hygiene sorgt und die Essenszeiten überschaubarer macht.

Wenn Sie ein vielseitigeres Werkzeug benötigen, können Sie einen Grabstock herstellen. Mit diesem Werkzeug können Sie nach essbaren Wurzeln graben, Unterstände bauen oder Feuerstellen anlegen. Um einen Grabstock herzustellen, suchen Sie sich einen stabilen Ast von etwa 2 bis 3 Fuß Länge. Schärfen Sie ein Ende, indem Sie es an einem Stein reiben oder es mit einem Messer in eine spitze Spitze schneiden. Das andere Ende kann mit Ranken oder Pflanzenfasern umwickelt werden, um einen Halt zu schaffen und so die Handhabung des Werkzeugs zu erleichtern. Der Grabstock ist einfach herzustellen, aber für verschiedene Überlebensaufgaben effektiv.

In Situationen, in denen Sie sich verteidigen oder nach Nahrung suchen müssen, ist die Herstellung improvisierter Waffen aus natürlichen Materialien von entscheidender Bedeutung. Ein Speer ist eine der einfachsten und effektivsten Waffen, die man herstellen kann. Um einen Speer herzustellen, suchen Sie sich einen langen, geraden Ast oder Schössling, vorzugsweise 6 bis 8 Fuß lang. Schärfen Sie ein Ende mit einem scharfen Stein, einem Messer oder sogar Feuer zu einer Spitze. Feuerhärten ist eine alte Technik, die die Speerspitze stärkt. Halten Sie das geschärfte Ende des Speeres über das Feuer und drehen Sie ihn langsam, um das Holz gleichmäßig zu erhitzen. Achten Sie darauf, es nicht zu verbrennen, da die Spitze dadurch geschwächt wird. Die Hitze härtet das Holz aus und macht es dadurch haltbarer für die Jagd oder Verteidigung.

Wenn Sie Zugang zu scharfen Steinen haben, können Sie Ihren Speer durch das Anbringen einer

Steinspitze verbessern. Nehmen Sie dazu einen flachen Stein und splittern Sie die Kanten ab, sodass eine scharfe, dreieckige Form entsteht. Befestigen Sie die Steinspitze mit Pflanzenfasern, Sehnen (tierischen Sehnen) oder Ranken am Ende Ihres Speers. Die Steinspitze macht den Speer effektiver zum Durchstechen harter Häute oder zur Verteidigung gegen Raubtiere.

Ein weiteres vielseitiges Werkzeug und eine vielseitige Waffe sind Pfeil und Bogen. Für die Herstellung eines Bogens ist ein flexibles, aber starkes Stück Holz erforderlich, beispielsweise Eibe, Esche oder Hickory. Das Holz sollte etwa so groß wie Sie selbst und relativ dünn sein. Um den Bogen zu formen, schnitzen Sie Holz an den Seiten ab, um beim Spannen des Bogens eine leichte Kurve zu erzeugen. Vermeiden Sie es, zu viel Holz zu entfernen, da der Bogen seine Stärke behalten muss, um der Spannung der Saite standzuhalten. Verwenden Sie für die Bogensehne starke Pflanzenfasern, Tiersehnen oder gedrehte Rinde.

Die Sehne muss langlebig genug sein, um der Kraft des Bogens standzuhalten, ohne zu reißen.

Pfeile können aus geraden, leichten Stöcken hergestellt werden. Die Länge des Pfeils sollte etwa 24 bis 30 Zoll betragen. Schärfen Sie ein Ende des Stocks zu einer Spitze oder bringen Sie für zusätzliche Schärfe eine kleine Pfeilspitze aus Stein an. Wie beim Speer können die Pfeilspitzen durch Feuerhärten stärker gemacht werden. Damit der Pfeil gerade fliegt, können Sie am hinteren Ende Befiederungen (Federn) anbringen, indem Sie kleine Vogelfedern aus Pflanzenfasern oder Harz anbringen. Pfeil und Bogen eignen sich hervorragend für die Jagd auf Kleinwild und können im Notfall auch zur Selbstverteidigung eingesetzt werden.

Für eine kleinere, persönlichere Verteidigung können Sie einen Schläger oder einen Knüppel herstellen. Suchen Sie sich einen stabilen Ast, der etwa 2 bis 3 Fuß lang ist und ein dickes, schweres

Ende hat. Glätten Sie den Griff, damit er leichter zu greifen ist, und lassen Sie das schwere Ende intakt. Sie können die Effektivität des Schlägers weiter steigern, indem Sie am Schlägerkopf Stacheln oder scharfe Steine anbringen. Befestigen Sie scharfe Steine oder Knochen mit Pflanzenfasern oder schneiden Sie kleine Kerben aus, um dem Schläger eine aggressivere Kante zu verleihen. Ein Schläger ist sowohl für die Jagd als auch für die Verteidigung nützlich, insbesondere in Situationen aus nächster Nähe.

Zusätzlich zu den Waffen müssen Sie möglicherweise andere wichtige Werkzeuge herstellen, beispielsweise einen Angelhaken zum Fangen von Nahrungsmitteln. Sie können Angelhaken aus Knochen, Dornen oder sogar kleinen Holzstücken herstellen. Um aus einem Knochen einen Angelhaken zu machen, suchen Sie sich einen kleinen Knochen und formen Sie ihn mit einem scharfen Stein in die Form eines Hakens. Stellen Sie sicher, dass der Haken einen

Widerhaken hat, damit der Fisch nach dem Fang an der Leine bleibt. Befestigen Sie den Haken an einer Leine aus Pflanzenfasern, Ranken oder Tiersehnen und locken Sie Fische mit einem Köder an.

Tauwerk ist ein weiteres wichtiges Material in Überlebenssituationen, da es zum Binden von Werkzeugen, zum Aufstellen von Fallen oder zum Bau von Unterkünften verwendet werden kann. Sie können Tauwerk aus Pflanzenfasern wie Brennnesseln, innerer Baumrinde oder sogar Tiersehnen herstellen. Um Tauwerk herzustellen, streifen Sie die Pflanzenfasern ab und verdrehen sie zu einem starken, seilartigen Material. Bei diesem Verfahren werden die Fasern gedreht und umeinander gewickelt, um eine haltbare und flexible Schnur zu schaffen. Tauwerk ist für den Bau komplexerer Werkzeuge und Strukturen unerlässlich, und wenn Sie wissen, wie man es aus natürlichen Materialien herstellt, können Sie Ihre Überlebensausrüstung erheblich erweitern.

Improvisierte Werkzeuge und Waffen aus natürlichen Materialien erfordern etwas Kreativität und Einfallsreichtum, aber mit dem richtigen Wissen und der richtigen Übung können sie in einer Überlebenssituation genauso effektiv sein wie moderne Werkzeuge. Ganz gleich, ob Sie jagen, bauen oder sich verteidigen, die Natur bietet eine große Auswahl an Materialien, die sich zu den Werkzeugen formen lassen, die Sie brauchen, um in der Wildnis erfolgreich zu sein.

KAPITEL 10

Navigieren und Orientierung in der Wildnis

Grundlegende Kompass- und Kartenlesefähigkeiten für sicheres Reisen

Das Verständnis des Umgangs mit Kompass und Karte ist für die sichere Navigation in unbekanntem Gelände, insbesondere in Überlebenssituationen, von entscheidender Bedeutung. Diese Tools helfen Ihnen, die Richtung zu bestimmen, Ihre Route zu planen und zu vermeiden, dass Sie sich verlaufen. Mit ein paar Schlüsselkompetenzen können Sie diese effektiv einsetzen, um selbstbewusst durch die Wildnis zu reisen.

Ein Kompass ist ein Werkzeug, das Ihnen anhand des Erdmagnetfelds die Richtung anzeigt. Der wichtigste Teil des Kompasses ist die Nadel, die immer auf den magnetischen Norden zeigt. Dies unterscheidet sich geringfügig vom wahren Norden, der auf den geografischen Nordpol zeigt, aber für die meisten Navigationsmöglichkeiten ist der magnetische Norden genau genug. Um einen Kompass zu verwenden, halten Sie ihn flach in der Hand und warten Sie, bis sich die Nadel stabilisiert. Sobald die Nadel aufhört, sich zu bewegen, gibt Ihnen das Ende, das nach Norden zeigt, einen Bezugspunkt für andere Richtungen: Osten (zu Ihrer Rechten), Süden (hinter Ihnen) und Westen (zu Ihrer Linken).

Wenn Sie den Kompass mit einer Karte kombinieren, können Sie präziser navigieren. Eine Karte stellt ein bestimmtes Landgebiet dar und zeigt wichtige Merkmale wie Berge, Flüsse, Straßen und Wege. Die meisten Karten sind mit dem Norden oben gedruckt, der mit dem Norden Ihres

Kompasses übereinstimmt. Um eine Karte und einen Kompass zusammen zu verwenden, legen Sie die Karte zunächst flach hin und platzieren Sie den Kompass darauf. Drehen Sie die Karte, bis die Kompassnadel zum oberen Rand der Karte zeigt und sowohl auf der Karte als auch auf dem Kompass nach Norden ausgerichtet ist. Dies nennt man „Ausrichten" Ihrer Karte und stellt sicher, dass das, was Sie auf der Karte sehen, mit der Landschaft um Sie herum übereinstimmt.

Sobald Ihre Karte ausgerichtet ist, können Sie damit eine Route planen. Beginnen Sie damit, Ihren aktuellen Standort zu ermitteln. Suchen Sie auf der Karte nach Sehenswürdigkeiten wie Flüssen, Bergen oder Straßen und vergleichen Sie diese mit dem, was Sie um sich herum sehen. Sobald Sie Ihre Position bestimmt haben, identifizieren Sie Ihr Ziel und zeichnen Sie eine imaginäre Linie zwischen den beiden Punkten. Dies ist Ihr beabsichtigter Weg. Während Ihrer Reise halten Sie Ihren Kompass auf Kurs.

Um Ihrer Route zu folgen, verwenden Sie den Kompass, um die Richtung zu bestimmen, in die Sie fahren müssen, auch bekannt als Ihre „Peilung". Platzieren Sie den Kompass so auf der Karte, dass eine Kante der Grundplatte entlang der Linie zwischen Ihrem aktuellen Standort und Ihrem Ziel verläuft. Stellen Sie sicher, dass der Fahrtrichtungspfeil auf dem Kompass auf Ihr Ziel zeigt. Drehen Sie anschließend das Kompassgehäuse (den Teil mit den Gradmarkierungen), bis die Kompassnadel mit dem Orientierungspfeil im Gehäuse übereinstimmt. Die Gradmarkierung oben auf dem Kompass ist Ihre Peilung, die Ihnen die genaue Fahrtrichtung angibt.

Halten Sie beim Gehen den Kompass flach vor sich und folgen Sie der Richtung des Reisepfeils. Überprüfen Sie regelmäßig den Kompass, um sicherzustellen, dass Sie auf Kurs bleiben. Halten Sie von Zeit zu Zeit an und vergleichen Sie Ihre Umgebung mit der Karte, um sicherzustellen, dass

Sie in die richtige Richtung unterwegs sind. Wenn das Gelände schwierig ist oder Hindernisse wie dichte Wälder oder steile Hügel vorhanden sind, müssen Sie möglicherweise Ihren Weg anpassen. Versuchen Sie jedoch immer, so nah wie möglich an Ihrer ursprünglichen Ausrichtung zu bleiben.

Wenn Sie keine Karte haben, ist ein Kompass dennoch ein wertvolles Navigationsgerät. Sie können damit in einer geraden Linie gehen und dabei eine einheitliche Richtung beibehalten. Wenn Sie beispielsweise wissen, dass im Westen eine Straße oder ein Fluss liegt, stellen Sie Ihren Kompass auf Westen und gehen Sie in diese Richtung, bis Sie Ihr Ziel erreichen. Mit dieser Methode können Sie vermeiden, im Kreis zu laufen, was ein häufiges Problem beim Navigieren ohne klaren Bezugspunkt darstellt.

Manchmal kann die Landschaft natürliche Hinweise geben, die Ihnen die Navigation ohne Kompass erleichtern. Die Sonne geht im Osten auf und im

Westen unter, was Ihnen eine ungefähre Vorstellung von der Richtung während des Tages geben kann. Wenn Sie sich verlaufen und die Sonne sichtbar ist, können Sie anhand der Tageszeit abschätzen, welche Richtung Norden, Süden, Osten oder Westen ist. Auf der Nordhalbkugel können Sie die Sterne auch nachts nutzen. Der Nordstern oder Polaris befindet sich immer am Nordhimmel, daher kann seine Lokalisierung Ihnen dabei helfen, den Norden zu finden. Dieser Stern ist Teil des Sternbildes Kleiner Wagen und bleibt im Gegensatz zu anderen Sternen, die sich die ganze Nacht über zu bewegen scheinen, an einer festen Position.

Beim Kartenlesen geht es um mehr als nur darum, zu verstehen, wo man sich befindet und wohin man gehen muss. Es ist auch wichtig, die Geländemerkmale auf der Karte zu lesen, damit Sie Herausforderungen wie steile Anstiege oder Flussüberquerungen vorhersehen können. Topografische Karten zeigen Höhenänderungen anhand von Höhenlinien. Diese Linien stellen die

Form des Landes dar, wobei jede Linie eine bestimmte Höhe über dem Meeresspiegel anzeigt. Wenn Höhenlinien nahe beieinander liegen, bedeutet das, dass das Land steil ist, etwa auf einem Berg oder Hügel. Wenn sie weiter voneinander entfernt sind, ist das Land flacher, wie in einem Tal. Indem Sie die Höhenlinien studieren, können Sie Routen wählen, die schwieriges Gelände meiden, oder sich auf eine anspruchsvolle Wanderung vorbereiten.

Berücksichtigen Sie bei der Planung einer Route immer die natürlichen Gegebenheiten um Sie herum. Flüsse beispielsweise sind oft wichtige Orientierungspunkte. Sie können Sie in Sicherheit bringen oder zu Süßwasser führen, sie können aber auch Hindernisse sein. Verwenden Sie Ihre Karte, um Brücken oder flache Bereiche zu finden, die Sie sicher überqueren können. Wälder können Schutz und Ressourcen bieten, aber sie können auch die Sicht einschränken und es schwieriger machen, auf Kurs zu bleiben. Offene Flächen wie Wiesen oder

Felder sind zwar einfacher zu befahren, bieten aber weniger Schutz vor Witterungseinflüssen. Wenn Sie das Gelände kennen, können Sie bessere Entscheidungen darüber treffen, wie Sie durch die Wildnis reisen.

Ein weiteres wichtiges Kartenmerkmal, das es zu verstehen gilt, ist der Maßstab. Der Maßstab zeigt das Verhältnis zwischen Entfernungen auf der Karte und tatsächlichen Entfernungen am Boden. Wenn eine Karte beispielsweise einen Maßstab von 1:50.000 hat, bedeutet das, dass eine Einheit auf der Karte (z. B. ein Zoll oder ein Zentimeter) 50.000 derselben Einheiten im wirklichen Leben darstellt. Wenn Sie den Maßstab kennen, können Sie abschätzen, wie weit Sie zurücklegen müssen, um Ihr Ziel zu erreichen. Es ist auch nützlich, um zu planen, wie lange es dauern wird, dorthin zu gelangen, was in Überlebenssituationen, in denen Sie Ihre Zeit und Energie verwalten müssen, von entscheidender Bedeutung sein kann.

Zusätzlich zum Erlernen von Karten- und Kompasskenntnissen ist es ratsam, einige andere Navigationshilfen mitzuführen. Ein GPS-Gerät kann eine hilfreiche Ergänzung sein, erfordert jedoch Batterien und funktioniert in abgelegenen Gebieten möglicherweise nicht gut. Eine Uhr kann Ihnen dabei helfen, die Zeit zu verfolgen, was bei der Berechnung von Entfernungen basierend auf Ihrer Gehzeit nützlich ist. Sie sollten außerdem einen Bleistift oder Kugelschreiber mitbringen, um Ihren Standort während der Reise auf der Karte zu markieren. Wenn Sie den Überblick behalten, wo Sie waren, können Sie vermeiden, dass Sie zurückgehen oder sich verlaufen.

In Überlebenssituationen geht es bei der Navigation um mehr als nur darum, den Weg zu einem Ziel zu finden. Es geht darum, Ruhe zu bewahren, kluge Entscheidungen zu treffen und unnötige Risiken zu vermeiden. Mit etwas Übung kann der Umgang mit Karte und Kompass zur Selbstverständlichkeit werden und Ihnen das Selbstvertrauen geben, unbekanntes Gelände zu erkunden und auf Kurs zu bleiben. Wenn Sie diese grundlegenden Navigationswerkzeuge und -techniken verstehen, können Sie Ihre Chancen verbessern, auch in anspruchsvollen Wildnisumgebungen in Sicherheit zu gelangen.

Navigieren ohne Hilfsmittel: Nutzung der Sonne, der Sterne und der Zeichen der Natur

Das Navigieren ohne moderne Hilfsmittel wie Kompass oder GPS mag schwierig erscheinen, aber die Natur bietet mehrere Hinweise, die Ihnen dabei helfen, sich zurechtzufinden. Wenn Sie verstehen, wie Sie natürliche Zeichen wie Sonne, Sterne und Sehenswürdigkeiten nutzen, können Sie sich durch unbekanntes Gelände führen und in Überlebenssituationen die Orientierung behalten.

Die Sonne ist einer der zuverlässigsten Richtungsindikatoren. Es folgt jeden Tag einer vorhersehbaren Bahn über den Himmel, geht im Osten auf und im Westen unter. Indem Sie auf den Sonnenstand achten, können Sie leicht feststellen, wo Ost und West liegen. Am Morgen steht die Sonne im östlichen Teil des Himmels und am Nachmittag wird sie sich in Richtung Westen bewegt haben. Wenn Sie sich über die Richtung nicht sicher sind, beobachten Sie einfach, wo die Sonne steht, und passen Sie sie an die Tageszeit an. Wenn Sie sich beispielsweise auf der Nordhalbkugel befinden, steht die Sonne am frühen Nachmittag im südlichen Teil des Himmels, sodass Sie auch den Norden und Süden besser erkennen können.

Wenn die Sonne hoch am Himmel steht und Sie den Norden finden müssen, können Sie die Schattenstabmethode verwenden. Stecken Sie einen geraden Stock aufrecht in den Boden und markieren Sie, wo der Schatten des Stocks fällt. Warten Sie etwa 20 Minuten und markieren Sie die neue Position des Schattens. Zeichnen Sie eine gerade

Linie zwischen den beiden von Ihnen markierten Punkten. Diese Linie verläuft ungefähr von Ost nach West. Wenn Sie mit der ersten Markierung (Morgenschatten) zu Ihrer Linken und der zweiten Markierung zu Ihrer Rechten stehen, werden Sie sich so orientieren, dass Osten zu Ihrer Linken und Westen zu Ihrer Rechten liegen, und Norden wird geradeaus sein.

In manchen Situationen kann der Himmel bewölkt sein oder es ist Nacht und Sie können sich nicht auf die Sonne verlassen. Nachts können die Sterne als hervorragende Navigationsinstrumente dienen. Auf der Nordhalbkugel ist der Nordstern oder Polaris der wichtigste zu findende Stern. Polaris steht fast direkt über dem Nordpol und bleibt relativ fest am Himmel, was ihn zu einem zuverlässigen Wegweiser für den wahren Norden macht. Um Polaris zu finden, suchen Sie den Großen Wagen, ein Sternbild mit einer charakteristischen „Kellenform". Die beiden Sterne am Ende der „Schale" des Großen Wagens zeigen direkt auf den

Polarstern. Sobald Sie Polaris gefunden haben, wissen Sie, dass Sie nach Norden blicken.

Auf der Südhalbkugel funktioniert die Navigation nach Sternen etwas anders. Es gibt keinen einzigen Stern, der so praktisch ist wie der Polaris, um den Süden zu markieren, aber Sie können das Sternbild Kreuz des Südens verwenden. Das Kreuz des Südens besteht aus vier hellen Sternen in Form eines Kreuzes. Indem Sie eine imaginäre Linie durch die Längsachse des Kreuzes ziehen und dieser nach unten folgen, können Sie ungefähr feststellen, wo der Süden liegt.

Neben den Himmelskörpern bietet die Natur noch weitere hilfreiche Wegweiser. Bäume, Pflanzen und sogar Moos können subtile Richtungshinweise geben. Auf der Nordhalbkugel werden viele Bäume und Felsen an ihren Nordseiten einen stärkeren Moosbewuchs aufweisen. Dies liegt daran, dass die Nordseite von Objekten weniger direktem Sonnenlicht ausgesetzt ist und dadurch kühler und feuchter ist – ideale Bedingungen für das Mooswachstum. Dies ist jedoch keine narrensichere Methode, da an besonders schattigen oder feuchten Stellen auf allen Seiten Moos wachsen kann. Verwenden Sie es als einen von mehreren Hinweisen und nicht als einzige Navigationsmethode.

In Wäldern oder offenen Flächen können Ihnen auch die Wachstumsmuster von Bäumen und Pflanzen Hinweise geben. Wenn Sie sich in einer Region mit gleichmäßigerer Sonneneinstrahlung befinden, haben Bäume an ihrer Südseite oft mehr Äste und Blätter, wo sie der Sonne stärker ausgesetzt sind. Die Rinde der Bäume kann auch auf der Südseite dicker und rauer und auf der kühleren, schattigen Nordseite dünner sein. Bedenken Sie, dass diese Technik am besten in Gegenden mit ausgeprägten Jahreszeiten funktioniert, in denen die Muster des Sonnenlichts stärker sichtbar sind.

Wasserstraßen wie Flüsse und Bäche können als natürliche Orientierungspunkte dienen, die Ihnen bei der Orientierung helfen. In vielen Regionen fließen Flüsse je nach Geografie in vorhersehbare Richtungen. Beispielsweise fließen Flüsse auf der Nordhalbkugel oft von höheren Lagen im Norden in tiefere Lagen im Süden, insbesondere in Bergregionen. Wenn Sie einem Fluss flussabwärts folgen, können Sie möglicherweise tiefere Lagen oder sogar menschliche Siedlungen erreichen. Es ist jedoch wichtig, Ihren Standort nach Möglichkeit auf einer größeren Karte zu überprüfen, da nicht alle Flüsse dieser Regel folgen.

Achten Sie auch auf das Verhalten der Tiere. Vögel folgen während des Zuges oft festgelegten Mustern und fliegen im Frühjahr nach Norden und im Herbst nach Süden. Das Beobachten der allgemeinen Flugrichtung von Vögeln, insbesondere von großen Schwärmen, kann Ihnen einen groben Orientierungssinn vermitteln. Einige Tiere, wie zum Beispiel Hirsche, wandern häufig in der Morgen-

und Abenddämmerung zu Wasserquellen. Wenn Sie sich in der Nähe einer Wasserquelle befinden, können Sie diese als zuverlässige Orientierungshilfe nutzen, um die Orientierung zu behalten, da Sie wissen, dass die Tiere wahrscheinlich regelmäßig in die Gegend zurückkehren.

Eine weitere effektive Technik besteht darin, auch in abgelegenen Gebieten nach künstlichen Objekten zu suchen. Durch menschliche Aktivitäten bleiben oft Wege, Straßen oder andere Zeichen wie Zäune, alte Gebäude oder Elektrokabel zurück. Diese Strukturen führen normalerweise zu besiedelten Gebieten. Wenn Sie ihnen folgen, können Sie zurück in die Zivilisation gelangen. Beispielsweise werden Bahngleise gebaut, um Städte miteinander zu verbinden. Wenn Sie sie in beide Richtungen entlanggehen, gelangen Sie schließlich zu einem Ort, an dem Sie Hilfe oder Schutz finden können.

Auch die Windrichtung kann als grober Anhaltspunkt dienen, insbesondere in Regionen, in denen der Wind tendenziell ständig aus einer Richtung weht. In Küstengebieten können tagsüber Winde landeinwärts und nachts aufs Meer wehen, was Ihnen bei der Orientierung helfen kann, wenn Sie sich in der Nähe des Ozeans befinden. Gebirgszüge können auch Windmuster beeinflussen, wobei Winde häufig entlang von Tälern wehen oder Hänge hinaufsteigen.

Sogar die Form des Landes selbst kann ein wertvoller Hinweis sein. An vielen Stellen weisen Hügel, Berge und Bergrücken klare Muster auf, die Ihnen helfen können, das Gelände zu verstehen. Beispielsweise verlaufen Gebirgszüge aufgrund tektonischer Kräfte oft in bestimmte Richtungen. In den Vereinigten Staaten beispielsweise verlaufen die Rocky Mountains im Allgemeinen von Norden nach Süden, während die Appalachen einer Nordost-Südwest-Richtung folgen. Durch das Studium der Geographie können Sie Ihre Richtung bestimmen und Wege finden, die natürlichen Konturen folgen und so die Navigation erleichtern.

Ein weiteres nützliches natürliches Zeichen ist die Position von Schnee und Eis in kälteren Regionen. Auf der Nordhalbkugel schmelzen Schnee und Eis an Südhängen aufgrund der stärkeren Sonneneinstrahlung tendenziell schneller. Wenn Sie durch verschneites Gelände wandern, stellen Sie möglicherweise fest, dass die nach Süden ausgerichteten Gebiete weniger schneebedeckt sind, was einen weiteren Hinweis auf Ihre Richtung liefert.

Das Navigieren ohne Werkzeug erfordert eine genaue Beobachtung und Kenntnis der natürlichen Zeichen. Ob es um den Lauf der Sonne, die Richtung der Sterne oder die Hinweise von Pflanzen, Tieren und Landschaften geht – die Natur bietet eine Fülle von Informationen, die Ihnen als Orientierung dienen. Durch die Verbesserung dieser Fähigkeiten können Sie sich auch in den entlegensten Umgebungen sicher zurechtfinden und so auf dem richtigen Weg bleiben und sich nicht verlaufen.

Spuren erstellen und verfolgen: In der Wildnis keine Spuren hinterlassen

Das Erstellen und Befolgen von Wegen in der Wildnis ist eine wesentliche Fähigkeit sowohl für die persönliche Sicherheit als auch für den Erhalt der natürlichen Umwelt. Wanderwege führen Sie durch unbekanntes Gelände und stellen sicher, dass Sie auf dem richtigen Weg bleiben, während das Risiko, sich zu verirren, minimiert wird. Gleichzeitig ist es wichtig, die Umwelt zu respektieren, indem wir die „Leave No Trace"-Prinzipien befolgen, die darauf abzielen, den menschlichen Einfluss auf die Wildnis zu minimieren.

Wenn Sie durch die Wildnis navigieren, ist das Anlegen eines Pfades eine Möglichkeit, Ihren Weg zu markieren, sodass Sie bei Bedarf Ihre Schritte zurückverfolgen können. Eine einfache Methode zum Erstellen eines Weges ist die Verwendung natürlicher Markierungen. Dazu können abgebrochene Äste, in einem Steinhaufen (einem kleinen Steinhaufen) gestapelte Steine oder charakteristische Merkmale wie große Bäume oder Felsbrocken gehören. Sie müssen jedoch sicherstellen, dass diese Markierungen dezent genug sind, um die Umgebung nicht zu stören. Vermeiden Sie es, Bäume zu entrinden oder Pflanzen zu entwurzeln, da diese Maßnahmen das Ökosystem langfristig schädigen können. Verwenden Sie stattdessen Materialien, die bereits auf dem Boden liegen, wie zum Beispiel heruntergefallene Äste oder Steine.

In einigen Fällen können Sie ein System von Richtungsanzeigern, sogenannte „Blazes", verwenden, um eine Spur zu erstellen. Ein Feuer ist eine kleine, sichtbare Markierung auf Bäumen oder Felsen, die einen Weg anzeigt. Traditionell wurden diese Flammen durch Abkratzen der Rinde oder Anbringen von aufgemalten Markierungen an Bäumen erzeugt. Es ist jedoch besser, eine umweltfreundlichere Option zu verwenden, wie zum Beispiel kleine Stücke einer biologisch abbaubaren Schnur oder eines Bandes an Äste zu binden. Diese Methode ist nicht-invasiv und kann leicht entfernt werden, sobald die Spur nicht mehr benötigt wird. Wenn Sie Feuer verwenden, verteilen Sie diese in regelmäßigen Abständen und machen Sie sie aus der Ferne sichtbar, damit sie leicht verfolgt werden können, aber nicht so nah, dass sie die natürliche Landschaft verdecken.

Bei der Erstellung eines Weges ist es wichtig, Gelände und Sicherheit zu berücksichtigen. Suchen Sie nach natürlichen Wegen, die den Konturen des Landes folgen, z. B. Bergrücken, Täler oder offene Gebiete. Vermeiden Sie steile oder felsige Hänge, die schwierig zu bewältigen sein könnten, sowie dichtes Unterholz, das Ihr Vorankommen verlangsamen könnte. Wählen Sie einen Weg, der potenzielle Gefahren wie Flüsse, Klippen oder erdrutschgefährdete Gebiete vermeidet. Es ist auch hilfreich, nach Möglichkeit bestehende Wege zu nutzen, da dies die Auswirkungen auf die Umwelt verringert und Ihre Reise einfacher macht.

Ebenso wichtig ist es, einem Pfad zu folgen, den andere erstellt haben, oder einem bestehenden Wildnispfad. Viele etablierte Wanderwege sind darauf ausgelegt, die Umweltbelastung zu minimieren und Wanderern gleichzeitig sichere und zuverlässige Routen zu bieten. Bleiben Sie nach Möglichkeit auf diesen Wegen, da das Abwandern zu Erosion führen, die Lebensräume der Wildtiere stören und empfindliche Pflanzen schädigen kann. Die Wege sind außerdem so gestaltet, dass sie leicht befahrbar sind, mit Schildern, Markierungen oder Steinhaufen, die den Wanderern den Weg weisen und verhindern, dass sie sich verirren.

In Gebieten, in denen die Wege nicht klar markiert sind, können Sie natürliche Orientierungspunkte nutzen, die Ihnen dabei helfen, Ihrem Weg zu folgen. Als Anhaltspunkte können Orientierungspunkte wie Berggipfel, Flüsse oder einzigartige Felsformationen dienen. Überprüfen Sie während Ihrer Bewegung kontinuierlich Ihre Umgebung und suchen Sie nach vertrauten Merkmalen, die Ihnen helfen, auf Kurs zu bleiben. Wenn Sie sich in einem Waldgebiet befinden, achten Sie außerdem auf den Sonnenstand, um Ihren allgemeinen Orientierungssinn zu bewahren.

Ein wesentlicher Teil der Navigation in der Wildnis besteht darin, zu wissen, wie man sich durch die Umgebung bewegt, ohne Spuren seiner Anwesenheit zu hinterlassen. Die „Leave No Trace"-Philosophie ermutigt jeden, der sich in die Natur wagt, sie so zu hinterlassen, wie er sie vorgefunden hat, oder in einem besseren Zustand. Dieser Ansatz stellt sicher, dass die Wildnis auch für zukünftige Generationen gesund und intakt bleibt, und trägt außerdem zum Schutz der Tierwelt und der natürlichen Ökosysteme bei.

Eines der Grundprinzipien von Leave No Trace besteht darin, die Belastung der Umwelt so gering wie möglich zu halten. Vermeiden Sie es, bei Spaziergängen durch die Wildnis auf empfindliche Vegetation zu treten, da das Zertrampeln zu langfristigen Schäden an Pflanzen und Boden führen kann. Bleiben Sie auf befestigten Wegen und festen Untergründen wie Steinen, Kies oder trockenem Gras. Wenn Sie einen temporären Weg anlegen müssen, wählen Sie Bereiche mit minimalem Pflanzenwachstum und versuchen Sie, im Gänsemarsch zu gehen, um den betroffenen Bereich zu begrenzen.

Wenn Sie eine Pause einlegen, achten Sie darauf, dass Ihr Ruheplatz weder die Tierwelt noch die Umgebung stört. Wählen Sie haltbare Untergründe zum Sitzen oder Campen und vermeiden Sie Feuer an Stellen, an denen es den Boden beschädigen könnte. Wenn Sie ein Feuer benötigen, verwenden Sie einen tragbaren Ofen oder bauen Sie eine

Feuerstelle in einer bestehenden Feuerstelle auf, um zu verhindern, dass die Vegetation verbrennt oder der Boden beschädigt wird. Achten Sie immer darauf, das Feuer vollständig zu löschen und ungenutztes Holz zu verstreuen, um keine Spuren des Feuers zu hinterlassen.

Die Entsorgung aller von Ihnen erzeugten Abfälle ist ein wesentlicher Bestandteil der Leave No Trace-Ethik. Dazu gehören Lebensmittelverpackungen, Behälter und anderer Müll sowie organische Abfälle wie Essensreste. Selbst biologisch abbaubare Materialien wie Apfelkerne oder Bananenschalen brauchen Zeit, um sich zu zersetzen, und können das natürliche Gleichgewicht des Ökosystems stören. Packen Sie Ihren gesamten Müll in einen verschließbaren Beutel und entsorgen Sie ihn ordnungsgemäß, wenn Sie zu einem dafür vorgesehenen Entsorgungsort zurückkehren. Vergraben Sie menschliche Ausscheidungen in einem mindestens 15 bis 20 Zentimeter tiefen Loch und mindestens 60 Meter von Wasserquellen entfernt, um eine Kontamination zu verhindern.

Ein weiterer Aspekt, keine Spuren zu hinterlassen, ist der Respekt vor der Tierwelt. Es ist wichtig, die Tiere aus der Ferne zu beobachten und sie nicht zu füttern. Das Füttern von Wildtieren kann ihre natürlichen Ernährungsgewohnheiten stören und sie von Menschen abhängig machen, was sowohl für Tiere als auch für Menschen gefährlich sein kann. Wenn Sie einem Tier begegnen, geben Sie ihm Platz und bewegen Sie sich leise, um es nicht zu erschrecken. Nähern Sie sich niemals wilden Tieren und versuchen Sie niemals, mit ihnen in Berührung zu kommen, da dies ihnen Stress bereiten und Sie gefährden könnte.

In einigen Fällen müssen Sie möglicherweise den von Ihnen erstellten Weg abbauen. Sobald Sie den Weg nicht mehr befahren haben, müssen Sie unbedingt alle von Ihnen platzierten Feuerstellen, Steinhaufen oder anderen Markierungen entfernen.

Dadurch wird sichergestellt, dass die Wildnis ungestört bleibt und andere Wanderer nicht durch alte oder veraltete Markierungen in die Irre geführt werden. Wenn Sie zur Markierung Ihres Weges Bänder oder Schnüre verwendet haben, binden Sie diese ab und nehmen Sie sie mit. Wenn Sie provisorische Unterkünfte oder Strukturen gebaut haben, bauen Sie diese ab und verteilen Sie die Materialien, um keine Spuren Ihrer Anwesenheit zu hinterlassen.

Bei Leave No Trace geht es nicht nur um den Schutz der Umwelt; Es geht auch darum, die Sicherheit und das Vergnügen anderer Menschen zu gewährleisten, die die Wildnis nutzen könnten. Indem Sie Ihre Auswirkungen minimieren, tragen Sie dazu bei, das Wildniserlebnis für alle zu bewahren und sicherzustellen, dass zukünftige Besucher die gleiche Schönheit und Ruhe genießen können wie Sie.

Das Erstellen und Befolgen von Pfaden ist eine wesentliche Fähigkeit in der Wildnis, muss jedoch mit Sorgfalt und Respekt für die Umwelt erfolgen. Indem Sie natürliche Materialien und subtile Markierungen verwenden, um einen Pfad zu erstellen, wenn möglich etablierten Pfaden zu folgen und sich an die „Leave No Trace"-Prinzipien zu halten, können Sie sicher und verantwortungsbewusst durch die Wildnis navigieren. Ziel ist es, die Schönheit der Natur zu genießen und sie gleichzeitig für künftige Generationen zu bewahren, um sicherzustellen, dass sie ein unberührter und lebendiger Raum für alle bleibt.

ABSCHLUSS

Bauen Sie Vertrauen in Ihre Überlebensfähigkeiten auf: Bleiben Sie für jede Situation bereit

Der Aufbau von Vertrauen in Ihre Überlebensfähigkeiten ist entscheidend, um in jeder Situation erfolgreich zu sein, egal, ob Sie sich in der Wildnis befinden oder mit einer unerwarteten Krise konfrontiert sind. Vertrauen entsteht nicht nur dadurch, dass man die Theorie kennt; es wächst aus Übung, Erfahrung und dem Verständnis Ihrer Fähigkeiten. Je mehr Sie Ihre Fähigkeiten üben, desto natürlicher werden sie, sodass Sie ruhig bleiben und kluge Entscheidungen treffen können, wenn es am wichtigsten ist.

Einer der wichtigsten Aspekte beim Aufbau von Selbstvertrauen ist kontinuierliches Üben. Überlebensfähigkeiten sind vergänglich. Wenn Sie sie also nicht regelmäßig nutzen, verblassen sie mit der Zeit. Das Üben von Fähigkeiten wie Feuermachen, Schutzhüttenbau, Wasseraufbereitung und Navigation in verschiedenen Umgebungen stellt sicher, dass Sie sich bei Bedarf darauf verlassen können. Ob beim Campingausflug, einer Wanderung oder sogar in Ihrem Garten, wenn Sie diese Aufgaben regelmäßig üben, werden sie zur zweiten Natur. Es reicht nicht aus, theoretisch zu wissen, wie man ein Feuer entfacht oder eine Falle stellt; Sie müssen sich dabei wohlfühlen, wenn Sie unter Druck stehen.

Neben der praktischen Übung ist das Lernen aus Fehlern entscheidend. Beim Üben gemachte Fehler sind von unschätzbarem Wert, denn sie zeigen einem, was man verbessern kann, ohne das Risiko einzugehen, das in echten Überlebenssituationen besteht. Wenn es Ihnen beim ersten Versuch nicht gelingt, ein Feuer anzuzünden, erhalten Sie die Chance, Ihre Methode zu verfeinern, bis Sie Erfolg haben. Mit der Zeit stärkt diese Art von praktischer Erfahrung die Widerstandsfähigkeit und lehrt Sie nicht nur, wie man etwas richtig macht, sondern auch, wie man sich erholt, wenn etwas schief geht.

Vertrauen entsteht auch durch das Verständnis Ihrer Werkzeuge und Ressourcen. Wenn Sie mit den Werkzeugen Ihrer Überlebensausrüstung oder den in Ihrer Umgebung verfügbaren Naturmaterialien vertraut sind, erhalten Sie ein Gefühl der Sicherheit. Wenn Sie beispielsweise wissen, wie Sie Ihr Messer effizient einsetzen oder wie Sie Materialien für einen Unterschlupf finden, geraten Sie nicht in Panik, wenn Sie schnell handeln müssen. Ebenso ermöglicht Ihnen das Verständnis der Umgebung, in der Sie sich befinden – sei es ein Wald, eine Wüste oder ein Berggelände –, Ihre Fähigkeiten an die Bedingungen anzupassen. Diese Anpassungsfähigkeit ist der Schlüssel dazu, dass Sie auch bei neuen Herausforderungen die Kontrolle behalten.

Vorbereitung ist ein weiterer grundlegender Aspekt beim Aufbau von Überlebensvertrauen. Vorbereitet zu sein bedeutet nicht nur, die richtige Ausrüstung zu haben; Es bedeutet, verschiedene Szenarien geistig und körperlich vorherzusehen und zu verstehen, wie man darauf reagiert. Dazu gehört, dass Sie sich über die potenziellen Gefahren der Umgebung informieren, in der Sie sich möglicherweise befinden, z. B. Wildtiere, Wetter oder Gelände. Zur Vorbereitung gehört auch, einen Plan zu haben – zu wissen, wie man reagiert, wenn man sich verirrt, ein Sturm zuschlägt oder einem das Essen ausgeht. Indem Sie diese Möglichkeiten im Voraus in Betracht ziehen, können Sie ruhig und effektiv reagieren, wenn sie auftreten.

Eine weitere Möglichkeit, Selbstvertrauen aufzubauen, besteht darin, sich kontinuierlich weiterzubilden. Die Überlebensfähigkeiten sind enorm und es gibt immer etwas Neues zu lernen. Ganz gleich, ob Sie lesen, Unterricht nehmen oder Lehrvideos ansehen: Durch die Erweiterung Ihres Wissens werden Sie in jeder Überlebenssituation vielseitiger. Lernen Sie neue Methoden für

Aufgaben, die Sie bereits kennen, und zögern Sie nicht, Bereiche zu erkunden, mit denen Sie weniger vertraut sind, wie zum Beispiel die Nahrungssuche nach essbaren Pflanzen oder das Erlernen des Verhaltens von Tieren. Je mehr Fähigkeiten Sie erwerben, desto unabhängiger werden Sie sich fühlen.

Ein oft übersehener, aber wichtiger Teil des Überlebens ist die mentale Vorbereitung. Überlebenssituationen können stressig sein und Ruhe zu bewahren ist entscheidend, um gute Entscheidungen zu treffen. Vertrauen in Ihre Fähigkeiten hilft, diesen Stress zu bewältigen. Der Aufbau mentaler Belastbarkeit durch Übung kann Ihnen helfen, auch in Situationen mit hohem Druck einen kühlen Kopf zu bewahren. Dazu gehört auch, dass Sie lernen, geduldig, konzentriert und anpassungsfähig zu bleiben, wenn die Dinge nicht wie geplant verlaufen.

Üben Sie die Zusammenarbeit mit anderen in Überlebensszenarien. Obwohl es wichtig ist, selbstständig zu sein, sind Überlebenssituationen oft an Gruppen beteiligt, und die Arbeit im Team kann die Erfolgschancen aller erhöhen. Wenn Sie lernen, Wissen zu teilen, Aufgaben zuzuweisen und sich gegenseitig zu unterstützen, stärken Sie sowohl Ihr Selbstvertrauen als auch das Selbstvertrauen Ihrer Mitmenschen. Kommunikation, Führung und Zusammenarbeit sind ebenso wichtig wie das Wissen, wie man ein Messer benutzt oder Wasser reinigt.

Das Vertrauen in Ihre Überlebensfähigkeiten basiert auf Wissen, Übung, Anpassungsfähigkeit und Vorbereitung. Indem Sie Ihre Fähigkeiten kontinuierlich verbessern, aus Fehlern lernen, Ihre Umgebung verstehen und sich auf das Unerwartete vorbereiten, sind Sie für alle Herausforderungen gerüstet, die auf Sie zukommen. Zuversichtlich zu sein bedeutet nicht, alles zu wissen; Es bedeutet, einfallsreich zu sein, ruhig zu bleiben und darauf zu vertrauen, dass das Training einen weiterbringt. Beim Überleben geht es nicht nur darum, die richtigen Werkzeuge zu haben; Es geht darum, die Denkweise und Fähigkeiten zu kultivieren, um in jeder Situation bereit zu bleiben, egal wie schwierig die Dinge auch sein mögen.

www.ingramcontent.com/pod-product-compliance
Lightning Source LLC
Chambersburg PA
CBHW071018240526
45469CB00006BD/1965